人力資源管理
——臺灣、日本、韓國

佐護譽　原著

蘇進安

林有志　譯

東大圖書公司

國家圖書館出版品預行編目資料

人力資源管理:臺灣、日本、韓國 / 佐護譽原著;蘇進安,林有志譯－－初版二刷.－－臺北市:東大,2004

面; 公分

ISBN 957-19-2320-6 (平裝)

1.人事管理－比較研究 2.人力資源－比較研究 3.勞資關係－比較研究

494.3   88016369

網路書店位址　http : // www. sanmin. com. tw

© 人力資源管理

──臺灣、日本、韓國

著作人　佐護譽
譯　者　蘇進安　林有志
發行人　劉仲文
著作財
產權人　東大圖書股份有限公司
　　　　臺北市復興北路386號
發行所　東大圖書股份有限公司
　　　　地址／臺北市復興北路386號
　　　　電話／(02)25006600
　　　　郵撥／0107175-0
印刷所　東大圖書股份有限公司
門市部　復北店／臺北市復興北路386號
　　　　重南店／臺北市重慶南路一段61號
初版一刷　2000年7月
初版二刷　2004年1月
編　號　E 493010
基本定價　伍　元
行政院新聞局登記證局版臺業字第○一九七號

ISBN　957-19-2320-6　（平裝）

序

本書主要是就人力資源有關的諸問題，試圖以中、日、韓三國作比較性的研究。

近年來理論界與實務界探討之重點如：亞洲世紀、亞洲、太平洋世紀、儒教文化圈、漢字文化圈等，加上「亞洲」或「儒教」之主題已逐漸成為注目的焦點，特別是該地區有關經營、經濟的諸問題，更值得我們加以深入探討。

然而，有關亞洲經濟圈之企業經營，或人力資源管理的國際性比較研究，學者較少探討。此一現象，值得我們深入探討及反省；茲將對有關人力資源管理為中心的諸問題，略作粗淺的國際性比較研究。由於在過去幾乎沒有人作過這一方面的研究，本書如能稍微彌補其研究上的空隙，實為榮幸。

至於，有關企業經營或人力資源管理的正統研究，本人認為應該透過國際間的比較來進行為宜。國際性比較研究主要有兩大重點：⑴先把異質性和同質性，或將差異點及類似點、共同點加以分析，⑵再深入探討其因果關係或其背景。然而，這件事說來容易，做起來卻極為困難，本書試圖先從第一點著手，並且經由讀者自行演練，增加對人力資源管理之了解。本書如能成為中、日、韓間人力資源管理比較性研究的起點，本人甚覺榮幸。

那麼，就國際性比較研究之方法而言，如果設定某基準，或某尺度做比較，當然也有相當的優點存在；但另一方面，在本質上往往會

遺漏重要部分。因此，在本書中之多位執筆者，就涉及臺灣、日本及韓國的人力資源管理的諸問題，及構成問題之特性，採取自由描繪的方式來處理。

本書之另一目的，是以中、日、韓三國之研究工作者共同執筆為起步，在研究經營管理學方面，但願也能促進中、日、韓三國間的交流。

構成本書的內容如下：

第一章，透過觀察臺灣的勞工工會的歷史和現狀及勞資交涉的制度和實務探討，闡明臺灣勞資關係的特徵。

第二章，臺灣的經濟、社會、政治環境迅速變化，而隨著經濟快速成長，工資水準也快步地上漲。在本章盡量引用具體的資料，或實際案例，深入探討其工資制度之實況。

第三章，在日本企業界之勞資關係中，藉探討團體交涉和勞資協議上的諸問題，詳細說明日本的勞資關係的特質。

第四章，以日本的薪資制度為例，首先了解第二次世界大戰之後發展的薪資制度演變的過程；接著經由研究日本1990年代前半期薪資制度的實情，深入查明其特質。

第五章，提出有關人事考核的諸問題。在前半段從歷史性、理論上考量；而在後半段則論及日本的人事考核之現狀及特徵。

第六章，採用與第三章類似的方式，詳細說明韓國的勞資關係。

第七章，經由探討韓國的薪資制度的歷史和其現狀，了解其特質。

第八章，提出韓國的人事考核，並透過現狀和案例，闡明其特徵。

總而言之，執筆本書之際，荷蒙相當多位人士，尤其韓國及臺灣

的大學、研究機構、企業界人士多方面的協助及張牧先生之校稿。如果沒有這些人士的協助支援，本書幾乎不可能完成。因在此無法一一舉出大名，謹此深表由衷謝忱。

　　本書之出版，承蒙東大圖書公司董事長劉振強先生鼎力協助，謹此誌謝。

執筆者代表　蘇　進　安

2000年7月

人力資源管理
——臺灣、日本、韓國

目　　次

序

第一章　臺灣的勞資關係制度

第三章　日本的勞資關係體制
——以團體交涉和勞資協議為中心

第四章　日本的工資體制
——以職能薪和年薪制為中心

第五章　日本的人事考核體制

第六章　韓國的勞資關係體制
——以團體交涉和勞資協議為中心

第七章 韓國的工資體制

第八章　韓國人事考核體系

第一章　臺灣的勞資關係制度

一　前　言

　　1970年代至1980年代，亞洲NIES（韓國、臺灣、香港、新加坡）在經濟上的突飛猛進，令人驚異。尤其，臺灣在「開發優先」的口號之下，其經濟成長登峰造極，甚至被稱為「亞洲的奇蹟」。到了1992年，國民每人的GNP已經超過10,000美元了。（1960年：154美元；1970年：389美元；1980年：2,344美元；1990年：7,997美元）。❶外幣準備金額於1989年為750億美元，僅次於日本成為世界第二位，而在1990年2月已達830億美元，凌駕日本躍居世界首位。至1995年5月，外幣準備金高達1,000億美元。至1996年9月底止，外幣準備金則僅次於日本，為世界第二位，但若以個人為單位計算即居世界第一位。經濟環境之改變必然引發社會或政治環境的變化，自不待言。

　　在韓國，於1987年6月29日，發表「民主化宣言」（「6‧29民主化宣言」）。同年7月15日，於臺灣已實施長達三十八年之久的「戒嚴令」也被解除了。在這樣的經濟、社會、政治各方面的環境變化之下，臺灣的勞資關係也將要大幅改變。

　　在本章，擬將針對戒嚴令解除前後時期與1990年代前半年間，以探討工會之歷史與現狀及勞資談判制度與實況為主題，藉此詳述臺灣的勞資關係的特徵。

二 工會與雇主團體

1. 工會的歷史

1949年10月，中華人民共和國成立。同年12月，中華民國政府遷移至臺灣。

在中華民國（臺灣），於1947年1月公布的憲法所保障的勞工基本權，因同年11月所公布的「戡亂時期勞資糾紛處理辦法」倍受其大限制。接著再受限於1949年5月所發布的戒嚴令，「勞工基本權」（團結權、交涉權、爭議權）之行使，事實上被凍結長達三十八年之久。也就是說，直至1987年7月15日解除戒嚴令之前，「勞工基本權」一直徹底地受到限制與禁止。❷

在臺灣，於非常時期體制（軍事戒嚴令）下，勞工基本權之行使，在實質上是被禁止的，然而，處於這樣的狀況下，工會在「形式上」仍然存在著，也就是說：依據1929年在大陸由立法院制定，其後再經修訂了八次的勞工工會法，勞工工會以產業、職業及行政區域區分，已經有整齊劃一的組織。所謂的「在形式上」就是說，工會是在政府督導下成立組織的緣故。雖說是工會，那是屬於「官方」的組織，所以，工會乃以公營企業為中心來成立組織。在私人企業而言，在若干的大企業中也有組織；但，在中小企業（大多數均屬之）中卻幾乎沒有成立組織。參照工會的組織比率的轉變便知自1970年代以後，有逐漸成長之勢，1991年以後，其比率已接近50％（見圖表1-1、1-2、1-3）。根據組織比率而言，比起主要國家的組織比率（見圖表1-4）寧可說偏高。但是，以實際活動狀況而言，並沒有發

揮工會應有的效能。

圖表1–1 臺灣的工會總數與會員人數之轉變

年　度	工會總數	會員人數	年　度	工會總數	會員人數
1925	–	約600,000	1958	669	249,147
1926	約700	約1,241,000	1959	685	268,040
1927	–	3,065,000	1960	683	280,173
1928	1,117	1,773,998	1961	685	284,477
1930	–	576,250	1962	690	290,558
1931	–	364,012	1963	712	304,495
1932	–	410,064	1964	739	324,379
1933	695	422,790	1965	749	334,384
1934	759	462,742	1966	768	364,382
1935	823	462,240	1967	782	358,991
1936	688	570,100	1968	787	370,391
1937	866	633,050	1969	807	392,542
1938	896	712,526	1970	865	488,093
1939	1,176	451,914	1971	899	513,176
1940	1,258	417,658	1972	952	560,491
1943	2,867	1,044,462	1973	1,070	674,066
1945	4,359	1,552,003	1974	1,195	714,786
1946	6,359	2,052,085	1975	1,255	765,176
1947	10,846	4,964,286	1976	1,371	838,408
1948	11,000	5,495,703	1977	1,461	926,306

1949	129	–	1978	1,543	963,987
1950	202	–	1979	1,637	1,028,733
1951	276	141,608	1980	1,679	1,103,045
1952	326	112,830	1981	1,802	1,172,954
1953	418	142,931	1982	1,749	1,207,681
1954	538	172,823	1983	1,938	1,304,309
1955	590	198,028	1984	1,924	1,370,592
1956	636	217,613	1985	2,103	1,549,351
1957	637	236,374			

資料來源：林大鈞，《我國工會立法之研究》，1987年，36頁。

圖表1-2　臺灣的工會(1)

年	工 會 人 數 （千人）	被雇用者總數 （%）	組 織 比 率 （%）	工業被雇用者 總數　　（%）
1968	370	8.8	18.2	–
1969	393	8.9	18.1	–
1970	488	10.7	21.0	–
1971	513	10.8	20.5	–
1972	560	11.3	21.0	–
1973	674	12.7	22.6	41.2
1974	715	13.3	23.4	42.1
1975	765	13.9	24.2	44.4
1976	838	14.8	25.0	42.7
1977	926	15.5	25.2	43.2
1978	964	15.5	24.9	41.6
1979	1,029	16.0	25.1	42.5
1980	1,103	16.8	26.2	43.8
1981	1,173	17.6	27.3	46.1
1982	1,208	17.7	27.7	48.2
1983	1,304	18.4	28.9	49.9
1984	1,371	18.8	29.1	48.4

1985	1,549	20.9	32.5	53.3
1986	1,724	22.3	34.5	56.4
1987	1,875	23.4	35.0	60.2
1988	2,187	27.0	40.2	71.5
1987(CFL)				
總　　數	1,822	22.7	34.1	58.9
男　　性	1,134	22.8	35.6	62.9
女　　性	688	22.5	31.7	53.3

資料來源：*1987 Yearbook of Labor Statistics*, Council of Labor Affairs, Executive Yuan, ROC, 1988; *1988 Yearbook of Manpower Statistics, Taiwan Area*, DGBAS, Executive Yuan, 1989; *1989 Yearbook of Earnings and Productivity Statistics, Taiwan Area*, DGBAS, May 1990; *1988 Abstract of Employment and Earnings in Taiwan Area*, DGBAS, May 1989, p. 29; *CFL News*, Feb. 25, 1988.
(Cited from: Ching-hsi Chang, *Labor Unions and Labor Laws in Taiwan*, July 14, 1990, p. 13, unpublished.)

圖表1-3　臺灣的工會(2)

年 （年底）	總　　　　　　計			
	工會總數	會　員　人　數		
		團　　體	個　　人 （千人）	組織比率(%)
1989	3,315	4,254	2,420	38.1
1990	3,524	4,435	2,757	43.3
1991	3,654	4,560	2,942	48.0
1992	3,657	4,596	3,058	48.1
1993	3,689	4,654	3,172	49.5
1994	3,706	4,651	3,278	48.9

資料來源：行政院勞工委員會編，《勞動統計年鑑》（1995年版）。

圖表1-4　主要國工會會員數及組織比率

(千人，%)

區　　　域	日　本[1] (1993年)	美　國[2] (1993年)	英　國[3] (1991年)	德　國[4] (1992年)	韓　國[5] (1992年)
雇用勞工人數	52,330	105,067	22,226	32,365	10,568
工會會員人數	12,663	16,598	8,585	13,074	1,735
組　織　比　率	24.2	15.8	43.1	40.4	16.4

(註)(1)雇用勞工人數、工會會員人數計算至6月底。
　　(2)雇用勞工人數是指據調查的全雇用者。
　　(3)雇用者人數、工會會員人數以12月為準。包含在聯合王國（英國）以
　　　　外設有支部之工會總會員。
　　(4)全德國的數值。
　　(5)組織比率指固定雇用者（包含計日勞工，公務員及私立學校教員除
　　　　外）對工會會員人數之比率而言。
資料來源：日本：雇用勞工人數依據總務廳統計局，《勞動力調查》。
　　　　　美國：勞動省，*Employment and Earnings.*
　　　　　英國：雇用省，*Employment Gazette.*
　　　　　德國：聯邦統計局，*Statistisches Jahrbuch.*
　　　　　韓國：勞動部。
　　　　　（勞動部長秘書處國際勞動課編著，《海外勞動白書》(1994年版)，
　　　　　日本勞動研究機構)

　　工會直至1987年戒嚴令解除之時，頂多是從事保護勞工福利而
已。換句話說，保障勞工利益與諸權益等等本來就屬於工會的活動幾
乎都沒有做過。工資、工作時間等各項勞動條件均由企業做單方面的
決定。也就是說，幾乎不經勞資雙方交涉來做決定。這樣的趨勢在
1990年代中期持續增加。

　　1970年代以後的工會成長的主要原因可以舉出如下：(1)因1975年
工會法修正，組織工會之必要條件有所緩和；(2)因工業化，雇用結構
起了變化，農業部門被縮少，二次產業擴充起來；(3)政府希望藉著工
會之成長，建立一民主國家的形象；(4)民營業者為登記勞工保險參加

了工會等。由此原因可以明白，至少直至1987年戒嚴令解除之時，在臺灣，工會之組織化都在政府主導下實行，並不以在勞資關係中，勞工對團體行動之重要性的認識為根據。❸

　1987年7月15日，由於長達三十八年之久的戒嚴令解除，民主化、自由化之潮流正在增加速度，工會成立之腳步迅速進展，而勞動爭議也頻頻發生。在臺灣，自1988年左右起，不經正式合法手續成立的非法工會紛紛設立，一般認為這可能是反映著對既存的工會活動與其改革方式的不滿。❹

2.工會的組織型態與組織比率

　臺灣的工會是遵照工會法的規定來組織。在此將引用臺灣的工會法（1975年5月21日總統令修正公布）的主要部分以供參考。❺

第一章　總　則

第一條　（工會宗旨）

　工會以保障勞工權益、增進勞工知能、發展生產事業、改善勞工生活為宗旨。

第二條　（性質）

　工會為法人。

第三條　（主管機關）

　工會之主管機關，在中央為內政部；在省（市）為省（市）政府；在縣（市）為縣（市）政府。但其目的事業應受各該事業之主管機關指導、監督。

第四條　（禁止組織工會之對象）

　各級政府行政及教育事業、軍火工業之員工，不得組織工會。

第五條　（工會任務）

工會之任務如次：

一　團體協約之締結、修改或廢止。

二　會員就業之輔導。

三　會員儲蓄之舉辦。

四　生產、消費、信用等合作社之組織。

五　會員醫藥衛生事業之舉辦。

六　勞工教育及托兒所之舉辦。

七　圖書館、書報社之設置及出版物之印行。

八　會員康樂事項之舉辦。

九　勞資間糾紛事件之調處。

十　工會或會員糾紛事件之調處。

十一　工人家庭生計之調查及勞工統計之編製。

十二　關於勞工法規制定與修改、廢止事項之建議。

十三　有關改善勞動條件及會員福利事項之促進。

十四　合於第一條宗旨及其他法律規定之事項。

第二章　設　　立

第六條　（產業、職業工會之組織）

同一區域或同一廠場、年滿二十歲之同一產業工人，或同一區域同一職業之工人，人數在三十人以上時，應依法組織產業工會或職業工會。

同一產業內由各部分不同職業之工人所組織者為產業工會。聯合同一職業工人所組織者為職業工會。產業工會、職業工會之種類，由中央主管機關定之。

第七條　（組織區域）

工會之區域以行政區域為其組織區域，但交通、運輸、公用等事業之跨越行政區域者，得由主管機關另行劃定。

第八條　（工會單一性）

凡同一區域或同一廠場內之產業工人，或同一區域之職業工人，以設立一個工會為限。但同一區域內之同一產業工人，不足第六條規定之人數時，得合併組織之。

第九條至第十一條（省略）

第三章　會　　員

第十二條　（加入工會之義務、權利及限制）

凡在工會組織區域內，年滿十六歲之男女工人，均有加入其所從事產業或職業工會為會員之權利與義務；但已加入產業工會者，得不加入職業工會。

第十三條　（會員資格）

同一產業之被雇人員，除代表雇方行使管理權之各級業務行政主管人員外，均有會員資格。

第十四條至第四十六條（省略）

第十章　聯合組織

第四十七條　（縣總工會）

同一縣（市）區域內，產業工會、職業工會，合計滿七個單位，並經三分之一以上單位發起，得函請主管機關登記，組織縣（市）總工會。

第四十八條　（省總工會）

同一省區內，各縣（市）總工會，組織已達半數，並經三分之一以上單位之發起，得函請主管機關登記，組織省總工會。

第四十九條　（省及全國工會聯合會與單一性）

同一業類之工會，經七個單位以上之發起，得函請主管機關登
記，組織各該業者，省（市）及全國工會聯合會。分業工會聯合
會，各業以組織一個聯合會為限。

第五十條　（全國總工會）

各省總工會、院轄市總工會及各業工會全國聯合會，經二十一個
單位以上之發起，得申請登記，組織全國總工會。

（以下省略）

臺灣的工會依據如上所列之工會法，分產業及職業之別來組織。
換言之，同一區域內，或同一工廠、辦公室工作的滿二十歲以上的工
人有三十人以上時，就必須組織產業工會或職業工會。再者，所謂同
一區域乃指行政區域（院轄市，縣、市）而言。在日本，一般性的如
企業別工會這種組織型態並未被承認。不過，據說在戒嚴令解除之
後，非正式成立的企業別工會也有之。

如上述，於臺灣在一定的條件下，照規定工會必須組織（第六
條）。但，實際上本條文規定並沒有被遵守，這看工會之組織比率
大約49％（至1994年底）的事實便知。因第六條並不含處罰規定，
要嚴格執行不太可能。

工會之聯合組織而言，有不同行政區域的組織和不同產業、不同
職業工會的全國性組織（見圖表1-5、1-6）。以前者為中心的組織
有：縣（市）級的組織和省（市）級的組織。查看工會數目，乃以
縣、市級之組織為壓倒性之多數，約占全體的80％（圖表1-5）。至
於後者可舉臺灣省製糖產業工會聯合會、中華民國鹽業工會全國聯合
會、中華民國鐵路工會聯合會、中華民國郵政業務工會全國聯合會等
為例。

圖表1-5　臺灣的工會(3)

年代及工會名稱	工會數	工會人數
1973	1,070	674,066
1974	1,195	714,786
1975	1,255	765,176
1976	1,371	838,408
1977	1,461	926,306
1978	1,543	963,987
1979	1,637	1,028,733
1980	1,679	1,103,055
1981	1,802	1,172,954
1982	1,749	1,207,681
1983	1,938	1,304,309
1984	1,924	1,370,592
1985	2,103	1,549,351
全　　　　　國	5	27,477
地　　　　　域	9	150,104
加　　工　　區	171	51,581
省　　　市　　　級	238	432,695
臺 灣 省 總 工 會	1	–
臺灣省各產業工會聯合會	16	–
臺灣省各職業工會聯合會	14	–
臺 北 市 總 工 會	1	–
臺北市各產業工會聯合會	2	–
臺 北 市 各 產 業 工 會	45	32,550
臺 北 市 各 職 業 工 會	67	294,884
高 雄 市 總 工 會	1	–
高雄市各產業工會聯合會	1	–
高 雄 市 各 產 業 工 會	47	39,370
高 雄 市 各 職 業 工 會	43	65,891
縣　　　市　　　級	1,680	887,494
臺灣省各縣市總工會	21	–
臺灣省各縣市產業工會	941	344,531
臺灣省各縣市職業工會	713	542,963

資料來源：行政院主計處編，《勞工統計年報》(1986年版)(日本勞動協會編，《臺灣的勞動事情》，日本勞動協會，1987年，90頁起)。

圖表1-6　臺灣的工會⑷

項　　　　　　目	工會數（個）				個人會員數（千人）			
	1989年	1990年	1991年	1992年	1989年	1990年	1991年	1992年
總　　　　　計	3,315	3,524	3,654	3,657	2,420	2,757	2,942	3,058
總　　工　　會	25	25	25	25				
產業工會聯合會	23	23	23	21				
職業工會聯合會	39	39	39	40				
產　業　工　會	1,345	1,354	1,350	1,300	698	699	696	669
職　業　工　會	1,883	2,083	2,217	2,271	1,722	2,057	2,249	2,389

資料來源：行政院勞工委員會編，《勞動統計年鑑》，參考各年度版本作成。

　　臺灣的國家級的中心機構為中華民國全國總工會(Chinese Federation of Labor, CFL)。所有的工會均在此組織的管轄之下（圖表1-7）。CFL是由不同產業的工會、不同職業的工會的全國組織及省、市級之聯合體聯合而成。再者，CFL也加盟於國際自由勞工聯盟(ICFTU)。

3.雇主團體

　　在臺灣並無類似於日本的財經界四團體（經團聯、日經聯、經濟同友會、日本商工會議所）這樣的雇主團體之組織。這可能是在臺灣中小企業占大多數，而在扮演如核心般的角色為其主因。不過，追求雇主利益之小規模的組織仍然存在著。這一類組織稱為同業公會（工會）。❻

圖表1-7　臺灣的工會組織圖

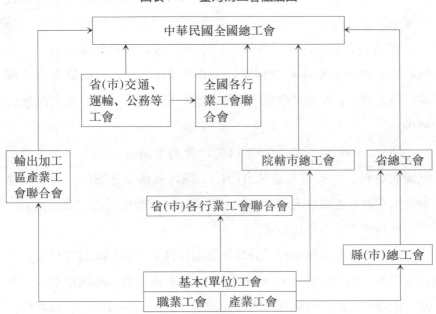

三　團體交涉之狀況

1.勞動爭議之狀況

　　在臺灣依據於國家總動員法，行政當局在有必要時，可藉命令防止或解決勞動爭議，同時也可以將阻礙生產之工場關閉，罷工、怠工以及其他妨礙生產之行為嚴加禁止。如上述，在臺灣自爭議行為至團體交涉，行政當局在結構上當可深入過問。再說，按憲法第一百五十四條所規定：「勞資雙方應本協調合作原則，發展生產事業。」而且對勞資關係以「勞資協調」作為基本國策。❼

在戒嚴令實施時期，罷工依據「戒嚴法」、「總動員法」和「勞資爭議處理法」等法令予以禁止，現行的工會法第二十六條規定：「勞資或雇傭間之爭議，非經過調解程序無效後，會員大會以無記名投票，經全體會員過半數之同意，不得宣告罷工。」由此條文當可推測；但事實上，在戒嚴令解除之後，實行罷工還是困難，實行的案例極少。

那麼，1987年戒嚴令解除以來，勞動爭議有一段時期大為增加（圖表1-8）。一般認為這是由於：⑴隨著戒嚴令之解除，對勞工運動之治安對策的規定大為緩和；⑵社會風氣演變成更為開放、民主，工人意識型態產生變化等緣故。

臺灣的勞動爭議依據「勞資爭議處理法」（1988年6月27日總統令修正公布），區別為二種，也就是：權利事項之爭議和調整事項之爭議。權利事項指：由法令、團體協約、勞動契約所發生的有關權利、義務之爭議事項。至於調整事項即指有關勞動諸條件之爭議事項。自1984年至1989年間所發生的勞動爭議中有90％是屬於與權利事項有關的。也就是說，大多數的爭議都是屬於支付津貼之後的解雇、被解雇及未付清工資等問題。按規定，權利事項之爭議可提出調解（調停），而調整事項之爭議即可提出調解或仲裁。

至於，現實的勞動爭議而言，在戒嚴令解除之後案件激增，但自1991年以後逐漸開始穩定下來。而爭議案件數目、參加爭議人數都有減少之趨勢。就1992年而言，參加爭議的人數比起前年度，工人減少25％，職員即減少68％，尤其後者的減少尤為顯著（圖表1-9）。

圖表1-8 臺灣的勞動爭議——不同類型之次數及參加人數

年	爭議類型 (件)							參加爭議人數 (人)		損失勞動日數	處理結果 (件)		
	合計	勞動契約	工資	退職、福利保險	勞動時間管理	勞災、安全衛生	工會、其他	職員	工人		斡旋、調解	仲裁	未解決
1978	506	227	101	11	39	44	84	129	3,955	—	506	—	—
1979	503	169	97	6	22	66	143	146	11,383	—	503	—	—
1980	626	194	174	55	61	57	85	61	6,244	—	601	—	2
1981	891	229	263	203	60	120	16	102	6,951	—	830	4	5
1982	1,153	573	261	173	37	93	16	372	9,129	—	1,106	2	4
1983	921	219	223	325	44	100	10	355	11,989	—	858	—	6
1984	907	205	187	330	77	106	2	264	8,805	—	892	—	1
1985	1,443	438	248	565	97	84	11	400	15,086	—	1,438	—	—
1986	1,485	281	278	594	148	138	46	470	10,837	—	1,470	—	15
1987	1,609	313	194	775	104	204	19	250	15,406	1,614	1,584	22	3
1988	1,314	278	208	409	179	163	77	788	23,449	8,967	1,198	49	67
1989	1,943	710	489	298	184	206	56	6,513	55,878	24,157	1,897	2	85
1990	1,860	788	418	231	154	192	77	3,226	30,863	828	1,879	—	66
1991	1,810	836	528	261	189	233	35	12,696		—	1,798	—	78
1992	1,747	828	542	231	156	216	61	11,884		13,783	1,797	1	27

資料來源：行政院勞工委員會編，《勞動統計年鑑》，參考各年度版本作成。

圖表1-9 臺灣的勞動爭議件數及參加人數(1)

年	爭議件數(件)	參加爭議人數（人）			爭議原因（個）								
		合計	職員	工人	合計	工資	勞動時間	雇用管理	災害補償	福利衛生	保險	工會	其他
1991	1,216	7,923	359	7,564	1,451	338	36	743	194	7	84	2	47
1992	1,148	5,787	113	5,674	1,323	321	45	703	159	8	63	2	38

資料來源：臺灣省政府勞工處編，《臺灣省勞工統計年報》，第八期，1995年。

圖表1-10 臺灣的勞動爭議件數及參加人數(2)

年	爭議件數(件)	參加爭議人數（人）			爭議原因（個）										
		計	男	女	計	契約	工資	勞動時間	辭職	福利	保險	管理	災害	安全衛生	工會	其他
1993	1,483	11,995	7,748	4,215	1,597	654	369	23	163	27	182	68	178	–	3	26
1994	1,486	8,987	6,387	2,528	1,544	667	331	14	175	18	68	31	230	–	4	14

資料來源：臺灣省政府勞工處編，《臺灣省勞工統計年報》，第八期，1995年。

　　引發勞動爭議的原因如圖表1-8、1-9以及1-10所示。由於其統計基準有異，無法有系統地作直接比較；但，就1991年和1992年為例，爭議總數有雇用管理的問題占53％，工資問題占24％；兩者合計為四分之三以上（圖表1-9）。有關雇用管理的問題就是指：(1)人事調整、(2)解雇、(3)支付解雇津貼後的解雇、(4)辭職及(5)停業（圖表1-11）。總之，有關作業員身分與工資這種最基本的問題的爭議正在增加之中。

　　以解雇及支付解雇津貼的解雇為起因的爭議，有逐年增加之傾向。這都是由於不景氣、企業轉移國外、起因於經營不善的公司、工廠倒閉、工廠轉移、整頓人員等所引起的。再者，發生於1992年以工資為原因的爭議案件當中，56％是因未付工資而起，而其26％，即起因於加班津貼的問題，兩者合在一起便超過80％。以未付工資為原因的比率有逐年增加的趨勢，對工人生活有相當的影響。

圖表1-11　在臺灣起因於雇用管理的勞資糾紛

（單位：件數）

年	人事調整	解　　雇	支付津貼之解雇	辭　　職	停　　業
1989	38	164	339	189	14
1990	49	185	381	170	6
1991	34	172	381	148	8
1992	42	162	358	135	6

資料來源：各縣市勞資爭議訴訟事件季刊附表。

　　據《臺灣省勞工統計年報》，查看1992年，可知勞動爭議解決之途徑分別為：藉行政機關（縣市政府）斡旋者約80％，依據「勞資爭議處理法」經縣市政府調解（調停）者約12％，勞資雙方自行交涉者

約7％。在過去數年間，也大致上有相同的趨勢；不過，經縣市政府之斡旋為其解決方法所占的比率似有增加之趨勢。此外，尚未解決之勞動爭議也超過20％。❽ 如上述，在臺灣，針對勞動爭議，行政機關間接地或直接地干預者占相當高的比率。這表示工會幾乎未能發揮團體交涉之功能。

　　那麼，目前臺灣的工會組織及團體交涉的狀況如何？擬在此就這一點探討一下。

　　據圖表1–12，就1992年和1993年，察看不同規模企業中的勞動爭議狀況，爭議件數多發生於人數為四十九人以下的企業，而參加爭議人數中作業員所占的比率，比起較大規模的企業，大約低於一位數之譜。這一點表示小型企業占大多數，而大規模的企業極少的事實。

　　在臺灣中小企業仍然占大多數，而多半是屬家族式的經營。在本地區，存在著約有七十萬的龐大的中小企業。就是說此地約有七十萬位公司的董事長。臺灣的人口約有二千二百萬人，由此推算在三十萬人中就有一位董事長。

　　中小企業並不需要高額的資金，所以，創業並不太難。工人與經營者的流動性高，階級對立似不易發生。而且，中小企業一般而言壽命較短，所以工人在同一企業中長年或被終身雇用的機會不多。工人的轉職或獨立創業的比率頗高。一方面，因中小企業所雇用的工人人數不多，勞資之間的溝通機會常有，產生距離不大；對立、糾紛等也不易發生。在中小企業中之管理方式一般都採用屬近代前期的方法，也就是說家族長輩式，權威性的性質頗強，經營者也並不歡迎具有相對地位的工會的存在。至於團體交涉那就更不用說。在如此的中小企業為中心的環境中，工會的必要性不高，而且也不易成長。

圖表1-12 臺灣的不同規模企業中之勞動爭議

(單位: 件，%)

規　　　模	1992年			1993年		
	件數	人數	參加人數在作業員中所占的比率	件數	人數	參加人數在作業員中所占的比率
49人以下	1,052	2,710	0.07	1,165	2,826	0.08
50- 99人	267	1,782	0.40	253	1,845	0.41
100-299人	247	3,039	0.97	248	3,303	1.07
300-499人	69	2,169	0.69	54	1,318	0.43
500人以上	112	2,186	0.80	136	28,633	11.55
合　　　計	1,747	11,886	0.24	1,856	37,925	0.66

資料來源: ⑴行政院勞委會，《勞工行政年報》(1992年、1993年版)。
　　　　　 ⑵行政院主計處，《人力資源調查統計年報》(1992年、1993年版)。

　　主要是以上述理由，在臺灣團體交涉幾乎不盛行，1990年度締結的勞動協約只不過是二百八十九件。這類勞動協約也多為形式性質，只不過是將工資與工作時間有關的法律規定加以抄寫下來而已。以內容而言，談不上具有本來的勞動協約的實質意義。再說，主管機關以持有批准、修正勞動協約的權利為其特徵。

　　臺灣的民間企業而言，工會活動多半與團體交涉並沒有關係；但幾乎與監視最低勞動條件，或提升工人福祉有關。

　　一方面，國營企業及其他公營企業，其規模頗大，工人也最多，也有受雇的保障。因而，視狀況如何，易於引起相當強大的工會運動。公營企業的勞資關係的緊張與不安定，乃是戒嚴令解除以後之臺灣勞資關係特徵之一。

2.團體交涉之實例

　　在臺灣團體交涉的實例較少。在此介紹其特殊的一個例子。藉此

例可知臺灣的勞動爭議的一斑。

某公司某工廠的勞動爭議

㈠爭議期間：1992年4月25日至1992年5月31日。

㈡爭議地域：某縣。

㈢爭議原因：某公司某工廠工會與工廠幾年來持續爭議。1990年9月
　因盈餘獎金及津貼問題與工廠方面交涉決裂，工會決定實行罷工。
　1992年5月中旬，工會由於下述要求之調解未能成立，於6月1日臨
　時工會大會上決議自6月10日再度實行罷工。

　(1)1991年盈餘獎金（剩餘金獎金）中，其重點獎金之10%以上由資
　　方取得，工會主張這是違反勞動協約第十八條之規定。

　(2)勞動工會向資方要求制定工人工資支付制度，並要求在制定之前
　　的熟練工人應採補助措施。

　(3)工會要求資方應縮短工作時間，亦即將現在實施的每週四十八小
　　時，縮短為四十四小時。

　(4)工會要求資方1992年度的獎金應根據新的計算方式支付。

㈣爭議及其處理經過：

　(1)1992年4月25日，工會針對工廠方面對於1991年度的分配金，未
　　繳稅金前之營業盈餘金等四項未遵守規定，向縣政府申請勞資爭
　　議之調解（調停）。

　(2)調解委員會分別於5月13日及5月22日兩次調解結果，作成下述調
　　解方案。

　　①重點獎金超過10%的部分，資方應依照勞動協約確實處理。

　　②工會所要求的工資支付制度之制定及對熟練工人之補助措施的
　　　採取問題，使資方考慮之。

③工會所要求的勞動時間之縮短問題，也要使資方考慮。

④1991年度之獎金問題也要使資方考慮。

(3)關於前項第一點，勞資雙方已取得同意。關於第二點，資方表示無法接受。第三點而言，資方表示並未違反勞動基準法及勞動協約之規定。至於第四點，資方以1991年度生產量正在減少為理由，表示未能接受要求。如上述，勞資雙方除第一點之外，於其他三點未能達成合議，調解終於不能成立。

(4)由於調解不成立，工會於5月26日提出申請於6月1日召開會員大會，表決是否實行罷工。

(5)依據勞資雙方請求，縣政府於5月28日上午，為緩和勞資雙方之對立，希望大會延後舉行，並為促進勞資雙方之溝通，指派主辦的職員，在公司權充資方與工會代表的談判仲介人。然而，工會堅持如期開會，藉罷工企望資方讓步。但是，在6月1日的大會縱然罷工案通過，也不一定馬上訴諸於直接行動，其間尚有十天的緩和衝突期間，而工會也表示期望資方善意的回應。縣政府為達成圓滿解決，竭力折衝、斡旋。資方也在工會開會前做最後的溝通，決定於5月30日下午3時，在公司進行交涉，並決議交涉成功之時，工會應聲請中止開大會。

(6)5月30日下午3時起，工會、資方、臺灣省勞動辦事處人員及縣政府官員，在某市參加磋商，至5月31日深夜1時，經約十個小時艱難的談判，資方最後同意「提升特別工資」。以該工廠全部工人二百五十一人計算，每人平均2,270元的調整加給，雙方交涉結束，罷工案也撤銷。

上述勞動爭議是經行政機關仲裁而解決的。如此這般，在臺灣，

當勞資糾紛發生時，由勞資的自立、自律的交涉下，謀求解決的案例並不多，例如上述的實例，經行政機關干預始得解決的例子為多。這一點正如前面所言。

四　勞資協議制度

在臺灣，企業（事業單位）層面由法律設有勞資協議制度，也就是依據勞動基準法（1984年7月30日總統令修正公布）第八條的勞資會議。此制度乃參加經營的另一種型態。在臺灣另外尚有：職工福利委員會（職工福利金條例，1948年12月16日總統令修正公布），❾為參加經營之制度，其他尚有二種制度，不過在此擬只對勞資會議加以探討。

勞資協議制度依規定列入工廠法（1975年12月19日總統令修正公布）第十章「工廠會議」；但在勞動基準法公布之後，於第八十三條規定為「勞資會議」，直至現在。

茲就勞資會議敘述如下：中華民國憲法第十三章（基本國策）第四節（社會安全）第一百五十四條規定：「勞資雙方應本協調合作原則，發展生產事業。」勞資會議是符合於前半段規定之理念。再者，後半段之規定是依據「勞資爭議處理法」（1988年6月27日總統令修正公布），加以具體化。

那麼，勞動基準法第八十三條規定，「為協調勞資關係，促進勞資合作，提高工作效率，事業單位應舉辦勞資會議。其辦法由中央主管機關（內政部）會同經濟部訂定，並報行政院核定。」根據本規定，1985年經內政部與經濟部共同作業，訂定了「勞資會議實施辦法」。工廠會議本應依法設立，但勞資會議是依據行政命令實施的。

藉該法將勞資會議之概要敘述如下：

　　勞資會議實施辦法對於勞資會議的性格與結構及其代表，規定如下：

第一條　本辦法依勞動基準法第八十三條規定訂定之。

第二條　事業單位應依本辦法規定舉辦勞資會議，其分支機構人數在三十人以上者，亦應分別舉辦之。

第三條　勞資會議由勞資雙方同數代表組成，其代表人數視事業單位人數多寡多為三至九人。但事業單位人數在一百人以上者，各不得少於五人。

第四條　勞資會議之資方代表，由雇主或雇主就事業單位熟悉業務、勞工情形者指派之。

第五條　勞資會議之勞方代表，事業單位有工會組織者，由工會會員或會員代表大會選舉之；尚未組織工會者，由全體勞工直接選舉之。……

　　如上述條文中的規定所構成的勞資會議上必須以「勞資會議的代表在會議上以協調合作的精神盡其所能。至於關於表示意思而言，雇主代表必須向雇主負責。再者，由工會會員選出者應向工會負責」（第十二條）。

　　在第十三條有勞資會議之議事範圍（付議事項）。其內容如下：

(一)報告事項

　(1)關於上次會議決議事項辦理情形。

　(2)有關於勞工動態之事項。

　(3)關於生產計畫及業務概況之事項。

　(4)其他報告事項。

㈡討論事項

　(1)關於協調勞資關係，促進勞資合作事項。

　(2)關於勞動條件事項。

　(3)關於勞工福利籌劃事項。

　(4)關於提高工作效率事項。

㈢建議事項

　　而且，有關勞資會議之營運也有下列規定。

第十四條　勞資會議開會時與議案有關人員及事業單位指派人員，得
　　　　　列席解答有關問題。

第十五條　勞資會議得設專案小組處理有關議案或重要問題。

第十六條　勞資會議之主席，由勞資會議代表輪流擔任之。但必要時，
　　　　　得由勞資雙方代表各推派一人共同擔任。

第十七條　勞資會議議事事務，由事業單位指定人員辦理之。

第十八條　勞資會議每月舉行一次為原則，必要時得召開臨時會議。

第十九條　勞資會議應有勞資雙方代表各過半數之出席，其決議須有
　　　　　出席代表三分之二以上之同意。

第二十條至第二十一條省略。

第二十二條　勞資會議決議事項，應由事業單位分送工會及有關部門
　　　　　　辦理，並函報當地主管機關備查。……

第二十三條　勞資會議費用，由事業單位酌撥之。

　　依照規定勞資會議是以如上述辦法營運，但實際上的營運狀況到底如何呢？

　　據臺灣省勞工處於1989年對五千家製造業方面調查的結果，在工廠舉行過勞資會議的只有10％而已。再看行政院勞工委員會之統計，至1990年為止，已經舉行過勞資會議的企業有八百零六家，而擁有從業人員五百人以上的大企業，其勞資會議的舉行率是大約50％。

　　再者，經建會的林大鈞博士對以臺灣省和新竹以北的美國系企業為對象所實施的經營參加制度所作的調查研究報告書中，有關勞資會議的分析資料指出下列幾點：大約50％的企業是在形式上設有勞資會議制度，但幾乎都沒有發揮功能。大多數的企業都認為沒有舉行勞資會議的必要，因為平時所舉行的行政機構與資方的會議就夠了，定期舉行的勞資會議的方式反而不符合實際上的要求。再說，勞資會議不被重視的另一個原因：據從業人員回答就是：「經常不能達成協議」（占44％）、「多為形式的、表面的會議，只不過是報告資方已經決定的事項而已」（占35％），其他是「決議事項經常無法實行」和「舉行次數不符合實際上的要求」等各占1％。❿

　　如上述調查結果以及一般性的觀察而言，在臺灣勞資會議的舉辦率偏低，而縱然舉辦了，也徒具形式，在實質上可說幾乎都沒有發揮功能。

五　結　　語

　　如上述，筆者針對1987年的戒嚴令解除前後時期與1990年前半段時期，探討臺灣的勞資關係制度與實情。由於資料與時間的限制，加上語言上的問題，本文內容似有不夠充分之處，但筆者認為尚能抓住

臺灣勞資關係的端倪。

　　經會見熟悉於勞資關係及人事、勞務問題的人士之後，所獲得的資料顯示：在私人企業中組織工會的機率極低，尤其工資及有關其他勞動條件，以勞資雙方自主、自律的交涉來決定的實例幾乎沒有。然而，由於臺灣在經濟上、政治上、社會環境之變化，尤其戒嚴令之解除或在野黨之成立等政治上的變化，包圍勞資關係的環境似乎也逐漸起了變化。迄今，勞資關係可說尚屬單行道，但轉變成為雙行道的日子，或許為期不遠。

❶　⑴CEDP, *Taiwan Statistical Data Book*, 1974, 1991（隅谷三喜男／劉進慶／涂照彥，《臺灣的經濟》，東京大學出版會，1992年，1–3頁。）⑵《朝日新聞》（日本），1993年3月30日，早報。

❷　⑴若林正丈編著，《臺灣──轉變期的政治與經濟》，田畑書店，1987年，252頁。⑵若林／劉／松永，《臺灣百科》，大修館書店，1990年，162頁。

❸　Chang, Ching-hsi, *Labor Unions and Labor Laws in Taiwan*, July 14, 1990 (unpublished), p. 14.

❹　勞動大臣官房國際勞動課編著，《海外勞動白書》(1991年版)，日本勞動研究機構，396頁。

❺　有關臺灣的勞動關係諸法，利用收錄於下列文獻中的資料：⑴臺灣省政府勞工處編，《勞工法令輯要》，1991年；⑵施茂林、劉清景編，《最新實用六法全書》，大偉書局，1992年。六法全書也有下列日文譯本：張有忠翻譯、校閱，《中華民國六法全書》，日本評論社，1993年。又臺灣的勞動關係諸法中，主要的版本也有下列日文譯本：日本勞動協會編，《臺灣的勞動事情》，日本勞動協會，1987年，189–295頁。

❻　有關臺灣的同業公會，目前參照：蘇進安，〈臺灣的經營〉，佐護譽編著，

《亞西亞經濟圈的經營與會計》，九州大學出版會，1994年，142–143頁。

❼ 《海外勞動白書》（1989年版），448頁。

❽ 臺灣省政府勞工處編，《臺灣省勞工統計年報》，第八期，1995年。

❾ 職工福利委員會依據「職工福利金條例」而設，乃是勞資雙方共同出資，就福利活動資金的使用方法彼此溝通的機構。

❿ 林大鈞，《三民主義企業內工業民主制度之研究》，1984年。

〔註〕執筆本章，承蒙林有志先生（東海大學講師）及蘇進安博士（臺南長榮高級中學校長、長榮管理學院創辦人，長榮學園園長）的協助。又蒙日本九州產業大學經營學部副教授（文言博士）以及孫宏傑博士在中文方面的指示。特此載錄上述諸位以表謝忱。

第二章 臺灣的工資制度

一 前 言

如前章所述，臺灣的經濟、社會、政治環境的變化快速，令人吃驚。就經濟而言，在快速而奇蹟般的成長之下，工資水準亦有急轉彎地上漲，在此情況下，臺灣的工資制度的實況到底如何呢？

依臺灣的勞動基準法（1984年7月30日總統令公布）第一章第二條第三項的規定，「工資：謂勞工因工作而獲得之報酬；包括工資、薪金及按計時、計日、計月、計件以現金或實物等方式給付之獎金、津貼及其他任何名義經常性給與均屬之。」❶

至於，有關臺灣的工資制度，由於統計資料上的條件、限制，要找出其平均型態實屬不易。在本章，盡可能引用具體的資料或實際案例，主要在工資水準、工資體系及工資結構上探討其實體，以明白臺灣工資制度特質之一斑。

二 工資水準

1987年戒嚴令解除之後，工人對勞動法諸條件改善之需求增加，勞動爭議也屢次發生。再加上勞動力的不足，因此工資快速上升遙遙超越經濟成長率（圖表2-1、2-2、2-3），自1988年至1992年，上升

率超過10%。這個數值高到什麼程度，只要與主要先進諸國的工資上漲率比較一下，當可理解（圖表2-1）。圖表2-3乃以不同類的產業來探討臺灣的工資上漲率。由此可知建築業或運輸、通信業界的工資上漲率相對地升高。再者，韓國也和臺灣有相同的狀況。也就是說，1987年的「6·29民主化宣言」之後，勞動爭議屢次發生，工資也遠超出臺灣的上漲率，急遽上漲（圖表2-1）。❷在此，把臺灣的工資水準查看一下。就1993年3月當時而言，勞工一個月的平均工資是28,186元（圖表2-4）。

圖表2-1　各國製造業每小時實收工資上升率變遷

(年率，%)

國　　　家	1968〜73	73〜79	79〜90	87	88	89	90	91	92
日　　本[(1)]	17.4	11.8	4.2	1.7	4.5	5.8	5.3	–	–
美　　國	6.3	8.6	4.5	1.8	2.8	2.9	3.3	–	–
英　　國[(2)]	11.5	16.6	10.1	8.1	8.5	8.8	9.4	–	–
德　　國[(5)]	10.6	7.2	4.3	4.2	4.4	4.0	5.0	–	–
法　　國[(3)]	11.8	14.9	7.9	3.2	3.0	3.8	4.6	–	–
韓　　國[(1)]	–	–	–	11.6	19.6	25.1	20.2	–	–
新加坡[(1)]	–	–	–	3.6	6.9	11.9	10.9	–	–
臺　　灣[(4)]	–	–	–	9.9	10.9	14.6	13.5	11.0	11.3
香　　港[(4)]	–	–	–	–	–	12.1	12.3	–	–

(註)　(1)每個月工資。
　　　(2)每週工資。
　　　(3)礦業、電力、瓦斯、自來水、熱能供應業每一小時的工資比率。
　　　(4)製造業是以生產勞工（每日）與非生產勞工（每月）合計的指數為據。
　　　(5)德國是指舊西德地區。

資料來源：OECD (*Historical Statistics*)及各國資料（勞動大臣官房國際勞動課編著，《海外勞動白書》(1993年版)，日本勞動研究機構，1993年，90頁)。

圖表2-2　臺灣的經濟與勞動情形

資料來源：太陽神戶三井綜合研究所調查（《朝日新聞》，1991年5月23日，早報）。

圖表2-3　臺灣的不同類別產業工資之變遷

（單位：元 [NT \$]，%）

產　　　　　業	1987	88	89	90	91	92年10月
製　　造　　業	15,374 (9.9)	17,050 (10.9)	19,537 (14.6)	22,175 (13.5)	24,609 (11.0)	25,351 (8.3)
建　　築　　業	15,978 (6.4)	17,828 (11.6)	21,371 (19.9)	24,734 (15.7)	28,128 (13.7)	30,022 (8.8)
批發、零售業	16,121 (8.7)	18,005 (11.7)	19,870 (10.4)	23,375 (17.6)	25,287 (8.2)	24,811 (7.5)
運輸、通信業	19,730 (5.6)	21,720 (10.1)	25,683 (18.3)	29,117 (13.4)	33,581 (15.3)	31,420 (6.1)
金融、保險業	25,975 (9.4)	29,145 (12.2)	34,170 (17.2)	37,212 (8.9)	40,138 (7.9)	39,043 (6.7)
服　　務　　業	16,025 (9.7)	18,177 (13.4)	20,438 (12.4)	23,603 (15.5)	26,145 (10.8)	27,126 (13.8)

（註）每個月實收工資。（　）內為前年比率或前年同月比率。

資料來源：行政院經濟建設委員會，《自由中國之工業》（日本，勞動大臣官房
國際勞動課編著，《海外勞動白書》（1993年版），日本勞動研究機
構，1993年）。

圖表2-4　不同類行業的員工每月平均工資

（1993年3月，單位：元 [NT $]）

	平均薪資	薪資結構	
		規定內	規定外
總　　平　　均	28,186	25,535	2,651
工　　　　　業	27,087	24,715	2,372
礦業、採砂石業	28,989	27,240	1,749
製　　造　　業	25,741	23,286	2,455
自來水、電力、瓦斯業	54,572	44,572	10,000
建　　築　　業	30,599	29,082	1,517
服　　務　　業	29,946	26,849	3,097
商　　　　　業	25,714	23,484	2,230
運輸、倉儲、通信業	32,755	29,699	3,056
金融、保險、不動產及廣告、宣傳業	41,179	34,973	6,206
社會服務、個人服務業	27,334	25,068	2,266

資料來源：行政院主計處，《職業類別薪資調查報告》（1993年版）。

　　以不同的產業類別而言，自來水、電力、瓦斯業及金融、保險、
不動產、服務業的工資水準調高，而製造業與商業的工資水準成為最
低水準。這種情形就起薪而言，大致相同（圖表2-5），再由不同地
區而言，臺灣南部的高雄市占第一位，第二位是為首都的臺北市（圖
表2-6）。再看不同規模的企業類別的工資差異，可以了解彼此間有
相當大的差距（圖表2-7）。

圖表2-5　不同行業、職業類別的新進人員每個月規定內的薪資
(1992年7月，單位：元 [NT $])

業種別 ＼ 職種別	平　均	助理員	專門技術員	營業負責人	服務負責人	技工	生產作業員	一般勞工
總　　平　　均	18,623	17,859	23,554	18,527	15,878	18,098	14,551	16,577
工　　　　　業	18,546	17,693	22,971	18,903	16,240	17,975	14,551	16,734
礦業、採砂石業	18,146	15,974	23,270	18,237	15,984	18,764	-	15,042
製　　造　　業	18,324	17,881	22,738	18,965	16,197	17,363	14,551	16,274
自來水、電力、瓦斯業	26,864	25,524	31,916	25,583	22,608	23,411	-	23,247
建　　築　　業	19,736	16,249	23,597	16,983	15,454	20,681	-	18,460
服　　　　　務　　業	18,918	18,282	27,278	17,584	15,090	18,603	-	15,690
商　　　　　業	17,919	17,404	26,644	17,541	14,944	17,525	-	15,858
運輸、倉儲、通信業	19,025	16,455	30,836	17,682	16,721	19,410	-	16,052
金融、保險、不動產及廣告、宣傳業	22,758	22,370	29,584	20,152	17,518	21,275	-	14,746
社會服務、個人服務業	17,156	16,680	23,900	16,116	13,755	16,804	-	14,531

資料來源：行政院主計處，《職業類別薪資調查報告》(1992年版)。

圖表2-6　臺灣的製造業從業員每個月平均工資
(1990年，單位：元 [NT $])

項　　　目	工作性質			男　女　別		
	平　均	職　員	工　人	平　均	男　性	女　性
平　　　　　均	22,175	28,250	19,870	22,175	26,941	16,395
地　　區　　別						
臺　北　市	25,120	32,642	22,160	25,120	30,202	18,610
高　雄　市	27,231	33,320	24,988	27,231	33,465	16,986
臺　灣　省	20,687	26,258	18,595	20,687	25,033	15,671
分類職業類別						
食　品　業	23,074	30,287	19,898	23,074	28,313	16,205
飲料、菸草業	30,640	36,479	28,853	30,640	34,479	25,338
紡　織　業	20,493	27,123	18,403	20,493	25,306	16,966
成　衣　製　造　業	15,645	20,471	14,663	15,645	19,861	14,511
皮革、毛皮製品業	17,390	21,390	16,284	17,390	21,066	15,056
木、竹製家具業	17,893	24,259	16,037	17,893	20,497	14,002

製 紙 及 印 刷 業	24,208	28,881	22,817	24,208	26,911	18,787
化 工 材 料 製 造 業	32,940	41,143	30,427	32,940	36,510	23,182
化 工 成 品 製 造 業	23,237	27,744	20,736	23,237	27,451	17,812
石 油 及 石 化 製 品 業	50,784	53,910	49,198	50,784	51,604	42,993
橡 膠 製 品 業	21,128	25,880	19,803	21,128	25,696	15,300
塑 膠 製 品 業	19,218	23,064	17,398	19,218	24,034	15,093
非 金 屬 製 品 業	21,968	28,341	20,117	21,968	25,629	15,682
金 屬 基 本 工 業	30,889	33,444	30,149	30,889	33,129	20,003
金 屬 製 品 製 造 業	21,349	25,798	19,720	21,349	24,106	15,281
機 械 設 備 業	23,196	27,661	21,416	23,196	26,158	17,231
電 子 電 器 業	21,508	30,515	17,027	21,508	27,638	16,661
運 輸 工 具 業	28,142	32,016	26,360	28,142	30,287	20,013
精 密 機 械 業	20,166	28,823	16,500	20,166	26,213	15,597
其 他 工 業	18,390	24,068	16,495	18,390	23,027	14,908

資料來源: 行政院主計處,《臺灣地區薪資生產力統計年報》。

圖表2-7 不同職業及不同規模企業的每月平均工資

(1993年,單位: 元 [NT $], %)

職 業 別	中小企業	大 企 業	全體企業	中小企業／大企業, %
最 高 監 督 者	40,702	58,742	48,927	69.29
辦 公 人 員	18,377	37,685	27,931	48.76
專 門 技 術 人 員	29,608	47,800	38,818	61.94
專 業 輔 佐 人 員	26,815	36,937	29,855	72.60
服 務 業 人 員	18,830	25,117	20,737	74.97
技 術 人 員	27,945	34,911	30,179	80.05
非技術人員、勞力工人	19,475	24,048	20,946	80.98
平 均	25,504	37,919	29,963	67.26

資料來源: (1)行政院勞委會,《勞工行政年報》(1992年、1993年版)。
　　　　　(2)財政部財稅資料中心。

　　工資水準在國際間的比較,各國都有不同的統計標準,而其物價水準也有差異;加上匯率是否反映其實際情勢等也要考慮在內,因此要作嚴謹的比較幾乎不太可能。不過,原則上是可以當作標準,在此

列出圖表2-8，表示照匯率計算比較各國的工資。根據本表，1993年
臺灣的製造業勞工的工資是日本的三分之一，但維持和韓國大致相同
的水準。

　　以企業（公司）界的工資標準而言，其內容如表2-9和2-10所
示。前者為六家電子業的工資標準，依照學歷及服務年資來探討，而
後者即針對不同行業的二十三家公司，按其學歷和起薪來探討。由此
可知，其工資標準確有相當大的差距。

　　此外，除了工資問題，在此也要提到勞動時間。臺灣的勞動時間
被認為比在先進國家中工作時間最長的日本還要長得多。也就是說，
在臺灣於1993年3月，勞工每個月的實際勞動時間為203.3小時（參照
行政院主計處）。而在日本，在同一時間，其勞動時間為162.4小時
（參照勞動省政策調查）。

　　再者，將1993年各國勞動時間（單位：小時）比較如下：❸每週
的實際勞動時間（製造業、生產勞工）：日本是37.8、美國是38.0、英
國是36.6、德國（原西德地區）是29.4、法國是32.3。再看同一年的
整年勞動時間（製造業、生產勞工）：日本是1,966、美國是1,976、英
國是1,902、德國（原西德地區）是1,529、法國是1,678。

圖表2-8　各國各項工資（製造業、男女合計、實收工資，以1993年為主）

國或地區名稱	計算單位	金　　　　　額	換算日圓	備　　　　　　　註
日　　本	月	341,374圓（263,197圓）		現金薪資總額（含家族津貼、特別津貼）。 （　）內指每月定期給付。 每個月平均上班日數20.2日，總勞動時間163.6小時（其中規定152.8小時以內）計算。工作場所規模為五人以上。
	日	16,900圓（　13,030圓）		
	時	2,087圓（　　1,722圓）		
美　　國	時	11.76美元	1,308	生產、非監督的勞工。
德　　國	時	23.82馬克	1,602	工資勞工。包括礦業、建築業。含家族津貼。
法　　國	時	41.70法朗（91年）	819	工資勞工，10月調查。
英　　國	時	6.19英鎊	1,034	全職成人工資勞工。北愛爾蘭除外。含採砂石業，4月調查。
韓　　國	月	885,398韓幣	123,956	含家族津貼、實物配給。從業人員十人以上的企業。
新 加 坡	月	1,685.8新幣（92年）	131,066	
泰　　國	月	4,016銖（92年）	20,025	獎金等除外。
菲 律 賓	月	3,441披索（89年）	21,839	從業人員十人以上的企業。
印　　尼	日	2,731盧比（86年）	355	從業人員十人以上的企業。
中　　國	月	231.17元（92年）	5,309	都市地區。
臺　　灣	月	29,004新臺幣	121,894	
香　　港	日	242.0港幣	3,462	3、9月調查之平均工資比率。

（註）⑴換算日圓依據當年平均匯率、平均工資比率(IMF, *International Financial Statistics*)。

(2)日本的一天工資以每月現金薪資總額（或每月定期薪資）除以每月上班日數計算。每一小時的工資即除以一個月總勞動時數計算。

(3)德國指原西德地區。

(4)由於各國工資等範圍有異，嚴格的國際性比較似有困難。

(5)被調查的勞工因國情而有異，以生產勞工，現場作業員為主要調查對象。

資料來源：日本以勞動省《每月勤勞統計調查（規模五人以上的企業）》，其他以ILO, *Yearbook of Labour Statistics* 及各國資料（日本，《活用勞動統計》（1996年版），社會經濟生產性本部，1996年，180頁）為依據。

圖表2-9 電子業的工資比較（男）

(1993年4月8日，單位：元 [NT $])

公司名稱		大學				專科				高中				國中			
		起薪	三年	五年	十年	起薪	三年	五年	十年	起薪	三年	五年	十年	起薪	三年	五年	十年
A	本俸	16,200	17,400	18,500	20,000	14,800	16,200	17,400	18,500	12,400	14,800	16,200	17,400				
	津貼	6,800	7,100	8,000	9,000	6,200	6,800	7,100	8,000	5,600	6,200	6,800	7,100				
	合計	23,000	24,500	26,500	29,000	21,000	23,000	24,500	26,500	18,000	21,000	23,000	24,500				
B	本俸	20,250	24,750	27,750	35,250	18,800	22,700	25,300	31,800	13,260	17,900	19,900	24,900	12,960	15,660	17,460	21,960
	津貼	4,150	4,150	4,150	4,150	3,250	3,250	3,250	3,250	3,975	3,975	3,975	3,975	3,975	3,975	3,975	3,975
	合計	24,400	28,900	31,900	39,400	22,050	25,950	28,550	35,050	17,235	21,875	23,875	28,875	16,935	19,635	21,435	25,935
C	本俸	19,800	24,100	28,800	34,800	16,700	19,700	21,800	27,300	11,600	13,900	18,300	21,300	10,400	12,700	17,100	20,100
	津貼	5,200	5,200	5,200	5,200	5,200	5,200	5,200	5,200	4,700	4,700	4,700	4,700	4,700	4,700	4,700	4,700
	合計	25,000	29,300	34,000	40,000	21,900	24,900	27,000	32,500	16,300	18,600	23,000	26,000	15,100	17,400	21,800	24,800
D	本俸	19,000	20,900	23,410	28,090	16,800	18,140	19,500	22,420	11,300	14,340	15,340	17,640	9,350	10,470	11,520	14,820
	津貼	6,300	6,930	7,200	8,640	5,850	6,320	6,430	7,400	5,100	5,100	5,100	5,100	4,650	4,650	4,650	4,650
	合計	25,300	27,830	30,610	36,730	22,650	24,460	25,930	29,820	16,400	19,440	20,440	22,740	14,000	15,120	16,170	19,470
E	本俸	26,500	29,500	37,000	42,000	22,000	27,500	33,500	38,500	12,600	15,000	17,500	20,000	12,600	15,000	17,500	20,000
	津貼	1,660	1,660	1,660	1,660	1,660	1,660	1,660	1,660	1,660	1,660	1,660	1,660	1,660	1,660	1,660	1,660
	合計	28,160	31,160	38,660	43,660	23,660	29,160	35,160	40,160	14,260	16,660	19,160	21,660	14,260	16,660	19,160	21,660
F	本俸					15,000	18,000	20,000	25,000								
	津貼					3,000	3,000	3,000	3,000								
	合計					18,000	21,000	23,000	28,000								
平均	本俸	20,350	23,330	27,092	32,028	17,350	20,373	22,917	27,253	12,232	15,188	17,448	20,248	11,328	13,458	15,895	19,220
	津貼	4,822	5,008	5,242	5,730	4,193	4,372	4,440	4,752	4,207	4,327	4,447	4,507	3,746	3,746	3,746	3,746
	合計	25,172	28,338	32,334	37,758	21,543	24,745	27,357	32,005	16,439	19,515	21,895	24,755	15,074	17,204	19,641	22,966

資料來源：據臺灣Y公司資料製作

圖表2-10　不同行業中的起薪（男）

(1993年4月8日，單位：元 [NT $])

公司名稱	大學 本俸	大學 固定津貼	大學 合計	專科 本俸	專科 固定津貼	專科 合計	高中 本俸	高中 固定津貼	高中 合計	國中 本俸	國中 固定津貼	國中 合計
A	18,100	5,800	23,900	16,012	5,800	21,812	10,191	6,600	16,791	8,262	6,600	14,862
B	19,000	6,300	25,300	16,800	5,850	22,650	11,300	5,100	16,400	9,350	4,650	14,000
C	21,000	2,200	23,200	18,200	2,200	20,400	11,200	3,700	14,900	11,000	3,700	14,700
D	19,500	3,000	22,500	15,800	3,000	18,800	11,100	3,000	14,100	11,100	3,000	14,100
E	20,000	3,500	23,500	17,400	3,100	20,500	11,750	2,250	14,000	11,750	2,250	14,000
F	20,800	2,700	23,500	18,850	2,650	21,500	13,500	2,100	15,600			
G	19,800	5,200	25,000	16,700	5,200	21,900	11,600	4,700	16,300	10,400	4,700	15,100
H	21,550	3,100	24,650	19,050	3,100	22,150	11,650	2,900	14,550	11,650	2,900	14,550
I	14,396	11,950	26,346	12,225	11,950	24,175	8,213	11,050	19,263	7,682	10,400	18,082
J	20,250	4,150	24,400	18,800	3,250	22,050	13,260	3,975	17,235	12,960	3,975	16,935
K	16,200	6,800	23,000	14,800	6,200	21,000	12,400	5,600	18,000			
L												
M	26,500	1,660	28,160	22,000	1,660	23,660	12,600	1,660	14,260	12,600	1,660	14,260
N	25,000	800	25,800	20,000	800	20,800	13,810	6,186	19,996	13,810	6,186	19,996
O	25,000	3,305	28,305	23,700	3,135	26,835	16,690	4,798	21,488	16,060	3,847	19,907
P	10,000	17,000	27,000	9,000	14,000	23,000	7,000	9,000	16,000	7,000	8,000	15,000
Q	20,949	2,900	23,849	18,398	2,900	21,298	16,252	2,900	19,152	12,836	2,900	15,736
R	20,550	2,400	22,950	19,140	2,400	21,540	16,350	2,400	18,750	15,660	2,400	18,060
S	14,000	12,200	26,200	14,000	11,200	25,200	8,870	8,800	17,670	7,680	8,000	15,680
T	20,520	3,440	23,960	18,660	3,440	22,100	16,140	3,440	19,580	15,750	3,440	19,190
U	17,500	3,000	20,500	15,500	3,000	18,500	10,650	2,800	13,450	10,650	2,800	13,450
V	26,645	1,100	27,745	23,655	800	24,455	21,660	800	22,460			
W	15,800	11,900	27,700	14,300	11,900	26,200	10,380	8,000	18,380	10,080	8,000	18,080
平均	19,685	5,200	24,885	17,409	4,888	22,297	12,571	4,625	17,197	11,383	4,706	16,089

資料來源：據臺灣Y公司資料製作。

那麼，在臺灣如有意願，工資水準就必須考慮基本工資（最低工資）一項。臺灣的勞動基準法第三章（工資）第二十一條規定如下：「工資由勞資雙方議定之。但不得低於基本工資。前項基本工資，由中央主管機關擬定後，報請行政院核定之。」根據本條文1988年1月13日經行政院勞工委員會訂定了基本工資之審議方法。其內容如下：

依照勞動基準法第二十一條第二項規定，為審議基本工資，經行政院勞工委員會所成立的基本工資審議委員會應由下列委員構成：
㈠主任委員一人（由行政院勞工委員會主任委員兼任之）。
㈡委員十七至二十三名（由下列諸機關、團體選出之代表）。
　⑴行政院勞工委員會
　⑵經濟部
　⑶財政部
　⑷交通部
　⑸行政院經濟建設委員會
　⑹行政院農業委員會
　⑺行政院主計處
　⑻行政院人事行政局
　⑼臺灣省政府
　⑽臺北市政府
　⑾高雄市政府
　⑿經濟部加工出口管理處
　⒀中華民國全國總工會（勞工工會）
　⒁中華民國全國工業總會
　⒂中華民國全國商業總會

㈢聘請相關專門學者為兼任，委託⑴國家經濟發展情況、⑵生活物價指數、⑶消費者物價指數、⑷國民所得與個人所得平均、⑸業界之勞動生產力與就業狀況、⑹業界勞工之工資、⑺家計調查之統計等資料之收集和研究。

　　1992年8月1日，行政院所決定的最低工資為一個月12,370元。

　　全國性的公定最低工資如上述，因此支付未達規定的工資者即為牴觸規定。

　　最低工資與全國性的工資標準是有關聯的，至於決定有關企業界的工資標準，一般採取以下的方法。也就是說，企業界的簡便調整薪資過程如下：　❹

㈠作成職務記錄，藉以評估職務。

㈡實施職務評估，制定職務等級。

㈢依據從業人員之學歷、經歷及熟練程度，評定等級。

㈣工資調查：經了解同行或更廣大範圍的工資實情，藉以謀求工資合理化及將來調整工資的方向。進行工資調查之際，務希著手分析下列要點：

　　⑴行業類別

　　⑵企業規模分類

　　⑶服務年資、職務內容、職責

　　⑷加薪幅度之內容

　　⑸加薪對成本之影響

㈤工資調整：調整工資的類型如下：

　　⑴全面性工資調整：從業人員全部，或某等級全部加薪。

　(2)照生活費之工資調整：考慮起因於物價上漲的生活壓力。

　(3)因職位變動而來的工資調整：

　①由於晉升的工資調整：從業人員之晉升，或因責任或勞動量的增加而來的工資調整。其加薪幅度為10～20％。

　②因加薪而來的工資調整：因服務年資，或人員不足而加薪的案例，其職務幾乎不變動，只作象徵性的加薪。

　③依照業績之加薪。

　在臺灣企業中有關一般性的薪資調整過程如上述；但依照企業的實際情形，某些過程（例如：作職務記錄，或職務評估等）有時可能會省略。

　臺灣的工資標準如上述大致上已弄清楚了，在下一節擬提到研究工資問題時，必須重視的工資體系和工資結構等問題。

三　工資體系與工資結構

1.工資體系概要

　說到臺灣的工資型態，或工資體系，因牽涉到統計資料上的問題，掌握其全貌似有困難。不過，經採訪及參考案例，仍可明瞭其部分的特徵。

　臺灣的勞動基準法第三章（工資）第二十二條及第二十三條規定如下：

第二十二條　工資之給付，應以法定通用貨幣為之。但基於習慣或業

務性質，得於勞動契約內訂明一部以實物給付之。工資
之一部以實物給付時，其實物之作價應公平合理，並適
合勞工及其家屬之需要。

工資應全額直接給付勞工。但法令另有規定或勞雇雙方
另有約定者，不在此限。

第二十三條　工資之給付，除當時人有特別約定或按月預付者外，每
月至少定期發給二次；按件計酬者亦同。

在臺灣，支付工資的形式，一般而言是作業員採日薪制，職員採
月薪。至於工資的支付次數是如有雇用契約，每個月一次即可。據說
某些公司，每個月15日支薪一次，至月底才付清。

茲將工資分為基本工資（即基本底薪）和附加工資（即各項津
貼），再分析一下臺灣的工資體系。為了方便起見，將基本工資分為
年資工資部分、職務加給部分、專業加給部分及效率加給部分而言，
在臺灣一般都採用以年資工資部分為基數，再加上其他加給或津貼的
方式。

據說不發津貼的公司比較少。就算不發津貼，比起日本，一般而
言其種類，或絕對金額都要少。至於有發津貼的公司，多半都以本
薪、津貼及職務加給來構成工資的支付項目。一般稱為津貼者，不同
於日本的津貼（如：住宅津貼、交通津貼、家族津貼等），應該稱為
第二種本薪。換言之，應該是屬於基本的部分，但不是回歸退職金的
工資部分。

在臺灣，也支給類似日本的「賞與」，亦即年終獎金，但其比率
遠比日本低。年終獎金通常一年一次，於農曆過年前支付一個月至二
個月的薪資。除此以外，也有公司在端午節（農曆5月5日）與中秋節

（農曆8月15日）時，支付約半個月薪俸的禮金。例如：A公司是在農曆過年前發薪資一個月的年終獎金，又分別在端午節和中秋節支付半個月的禮金。

以下為臺灣企業界的年終獎金支付規定，舉此例以供參考：

〔案例〕 年終獎金核發辦法

第一條　依據

本辦法細則依本公司人事管理規定訂定之。

第二條　適用範圍

(1)本公司從業員年終獎金之頒發依據本細則之規定發給。

(2)依據本細則從業員乃指本公司正式從業員而言，顧問、試用期間之人員、臨時約雇之從業員並不適用本辦法。（但，按照狀況另外發給。）

第三條　獎金金額

從業員之年終獎金金額依據公司該年度之業務狀況及個人業績決定之。

第四條　以實際在職期間（月數）為比例的範圍計算之。從業員在該年度中途就職時，即以實際在職月數為比例計算之。未滿半個月者以半個月計算；半個月以上者以一個月計算。

第五條　在該年度年終獎金核發前，符合下列各件者不予發給年終獎金。

(1)凡辭職者或被解雇者。

(2)凡已支給解雇津貼的被解雇者。

(3)凡在停職中者（當在擔任職務期間除外）。

(4)因其他理由中途退職者。

第六條　該年度年終獎金核發之計算基準如下列標準：基本薪津（本薪）＋管理職位加給（主管加給）＋職務加給＋技術加給。

第七條　依據獎懲之加薪與減薪之基準

當從業員在該年度受到獎懲之時，依照下列標準加減其年終獎金。

(1)獎一級：加算相當於一日之薪金於獎金之中。

(2)獎二級：加算相當於三日之薪金於獎金之中。

(3)獎三級：加算相當於十日之薪金於獎金之中。

(4)懲一級：減少相當於一日薪金之金額。

(5)懲二級：減少相當於三日薪金之金額。

(6)懲三級：減少相當於十日薪金之金額。

第八條　辦理請假之不上班者與不辦請假手續而不上班者之減薪標準

(1)不假而不上班者按照日數每日扣減相當於二日的薪金。未滿一日之不假不上班者以一日計算。

(2)該年度內因事假與病假不上班日數達十日以上者，每超過一日扣減一日薪金（連續服務未滿一年者，按照連續服務日數計算）。

第九條　依據考績之加薪標準

有關該年度考績按照下列等級加薪。

考績「優等」者：十日薪金。

考績「甲等」者：三日薪金。

考績「乙等」者：不予加給。

第十條　年度

自每年1月1日起至12月31日止。

第十一條　發薪日

　　　　　　　每年度，從業員之年終獎金於翌年春節發給之。

第十二條　實施與訂正

　　　　　　本細則經公司董事長審查，決定後實施之，而訂正之時亦
　　　　　　然。

　　如上列規定所認定，在臺灣一般而言，年終獎金是每年一次於農
曆過年前發給。而且，多半經審查後核發。

　　那麼，如上述臺灣的工資以工資項目之結構而言，可說是以年資
工資為基礎再加上職務加給或職位加給，即所謂的綜合加給。以下將
分為年資工資、職務加給和職位加給等，並列舉實例，以求具體地探
討工資體系。由此，可對臺灣的工資體系的特徵有相當程度的了解，
並且，採取以實例為中心來探討工資體系的方法，分別採訪了下列的
幾個企業。如下，依據調查所得的知識與公司內部資料，用以論述臺
灣的工資體系。

　　依所取得的資料，對各企業制度的調查實施日期如下：1994年8
月：中國石油、中國鋼鐵、安鋒鋼鐵；1995年3月：FR公司、臺南紡
織、長谷建設、燁隆鋼鐵。

2. 年資工資（年功工資）

　　1945年10月25日，臺灣光復回歸於中華民國，但是日據時代（為
期五十年）所採用的工資制度之影響，在第二次大戰之後，不僅在私
人企業中，甚至在公營企業中都仍然存在著。就年資工資制度而言，
據經濟部所屬事業機構的「從業員工資替時制定法」（1961年1月）第
一條第五項「年資工資制度」之規定：年資要仍舊維持，並在今後再
訂正工資制度之際，應與本來的年資工資合併計算之。❺

一般說來，在臺灣，不僅在公、私營企業，在所有的公私機關，直至現階段都在繼續沿用「年資工資」的舊慣例。在此舉出兩個實例供參考。

以案例一來看，臺灣的公私立學校教職員薪資支給表，即可明瞭其基本薪是以年資作為依據（圖表2-11）。依據該薪資支給表，大學畢業者由委任七級（即初任薪）起，如果每年實施的人事考核成績在乙等以上，可晉升一級；至於國中、高中教師而言，即可晉升至最高階的薦任一級。然而，在人事考核上其成績為甲、優等時，國、高中教師即每年可晉升一級至簡任六級。在此情形下，如果大學畢業者於二十五歲就職領取初任薪，任國、高中教師職者，可享年資俸直至五十歲。

再舉出年資工資的案例二，介紹在臺灣屬於大規模建設公司的K公司從業人員的工資表（圖表2-12）。該公司的工資制度在形式上採取職務津貼的形式，但以內容或實質性而言，以年資工資為基礎，再結合效率獎金（業績獎金）。換言之，工資（薪資）是由本薪（基本薪）與效率獎金組合而成。基本薪資部分分成六項職等與三十項職級支給。符合幾職等、幾職級，須經考量其年齡、經驗年資、勤務年資等來決定，定期升給（自動升級）也在同時施行。基本薪資部分是取「日給×日數」計算方式，因此，效率獎金部分也比照規定的計算方式（因職種有異）核定。

3.職務加給

日本的職務加給，雖然稱為職務加給，實為試圖與年資工資折衝之方式，與歐美型的職務加給大有差異。❻臺灣的職務加給似乎也相同。在臺灣，職務加給的引進實例一般而言並不多，即使被採用，也以作為工資項目的一部分而引進的事例較多。就這一點而言，似可看

出日本工資體系的影響所在。

圖表2–11　臺灣公私立國、高中教職員薪資表

(1995年，單位：元 [NT $])

職等	職級	基準額	基本薪	教師學術研究費	主任	組長	幹事	
簡任	1	770	44,300					
	2	740	43,735					
	3	710	43,175					
	4	680	41,490	26,710				
	5	650	40,365					
	6	625	39,240					國、高中教師最高年功俸
	7	600	38,115					
	8	575	36,990					
	9	550	35,870			15,710		
	10	525	34,745		20,550			
	11	500	33,620					
	12	475	32,495					
薦任	1	450	30,250					國、高中教師最高薪
	2	430	29,405			18,040		
	3	410	28,560					國、高中職員最高年功俸
	4	390	27,720	22,110				
	5	370	26,875				17,420	保健員
	6	350	26,035					
	7	330	25,190					
	8	310	24,345					
	9	290	23,505	19,460				
	10	275	22,660					
	11	260	21,280					
	12	245	20,975					
委任	1	230	20,130					國、高中職員最高薪
	2	220	19,570					
	3	210	19,010					
	4	200	18,445					
	5	190	17,885	16,910				
	6	180	17,320				15,880	保健員
	7	170	16,760					國、高中教師起薪
	8	160	16,200				15,710	
	9	150	15,635		15,710			
	10	140	15,075					
	11	130	14,510			15,710		
	12	120	13,950					國、高中職員起薪
	13	110	13,390					

14	100	12,825				
15	90	12,435				

資料來源：中華民國臺灣省公、私立國、高中教師現行待遇支給辦法。

圖表2-12　K公司職級別從業員日薪表

(1991年9月1日，單位：元 [NT $])

職級 職等	16 1	17 2	18 3	19 4	20 5	21 6	22 7	23 8	24 9	25 10	26 11	27 12	28 13	29 14	30 15
6	637	639	641	643	645	647	649	651	653	655	657	659	661	663	665
	607	609	611	613	615	617	619	621	623	625	627	629	631	633	635
5	577	579	581	583	585	587	589	591	593	595	597	599	601	603	605
	547	549	551	553	555	557	559	561	563	565	567	569	571	573	575
4	517	519	521	523	525	527	529	531	533	535	537	539	541	543	545
	487	489	491	493	495	497	499	501	503	505	507	509	511	513	515
3	457	459	461	463	465	467	469	471	473	475	477	479	481	483	485
	427	429	431	433	435	437	439	441	443	445	447	449	451	453	455
2	397	399	401	403	405	407	409	411	413	415	417	419	421	423	425
	367	369	371	373	375	377	379	381	383	385	387	389	391	393	395
1	337	339	341	343	345	347	349	351	353	355	357	359	361	363	365
	307	309	311	313	315	317	319	321	323	325	327	329	331	333	335

A.支付標準：普通工人　　最低307元；最高557元
技術技工　　最低347元；最高597元
客車司機　　最低357元；最高607元
水泥預拌車司機　最低377元；最高627元
重型卡車司機　　最低397元；最高647元
B.整年成績考核：甲等者晉升五級，加給10元。
乙等者晉升三級，加給6元。
丙等者晉升一級，加給2元。

〔案例1〕　中國石油公司

中國石油公司屬國營企業，從業人員約有二萬二千人，營業額銷售居臺灣首位（1993年）。❼

中國石油對白領職位和藍領職位分別採用不同的職務加給。前者稱為分類職位(CS Position)，後者稱為評估職位(ES Position)。

公司經職務評估核定職務階級，但分類職位與評估職位兩者之評估要素有所不同。

分類職位之評估要素包括下列七項：⑴複雜性、⑵統制、⑶領導線、⑷委任、⑸創造力、⑹人際關係、⑺監督程度。至於對評價職位的評估要素有下列五項：⑴知識、熟練、經驗、⑵責任、⑶監督、⑷精神上、肉體上的勞力、⑸工作環境。

職務評估的結果以被稱為「薪點」(wage point)的分數表示，並依照分數決定職務的階級。這時候，先設定等級(grade)再分成為級俸（step：職位分類時是職等；職位評估時是工等）。職位分類時由3至7屬一般事務職；自8至15為管理職。職位評估時是由10至14屬一般的生產勞工。薪資表是採用具有統一性的，就是說採用適用於職位分類與職位評估兩者的同一表格（圖表2–13）。薪資額是依照「薪點×每一點的金額」之方式計算。定期晉升實施於從業員的大約98％。還有，因不同的人事考核，在晉升上也會產生差異。

雖然在意義上不同於日本方式的獎金，但至少採用了獎勵制度(incentive system)，每年最少二個月的特別津貼之外，依據各公司業績高低還會加算最高二點六個月的獎金。

中國石油公司的薪資制度採取職務加給的形式，但運用上是採用年資工資方式。在這一點意義上可說是類似於日本的職務加給。

圖表2-13　中國石油的薪資表

(1993.7.1～1994.6.30)

分類職位 職等	1	2	3	4	5	6-10	11	12	13	14	15
15	95,934	97,954	99,970	101,987	104,005						
	2,100	2,145	2,190	2,235	2,280						
14	85,845	87,863	89,881	91,898	93,916						
	1,875	1,920	1,965	2,010	2,055						
13	75,756	77,774	79,792	81,809	83,827						
	1,650	1,695	1,740	1,785	1,830						
12	66,788	68,582	70,375	72,169	73,962		85,845	87,863	89,881		
	1,450	1,490	1,530	1,570	1,610		1,875	1,920	1,965		
11	60,062	61,407	62,752	46,098	65,443		75,756	77,774	79,792	81,809	83,827
	1,300	1,330	1,360	1,390	1,420		1,650	1,695	1,740	1,785	1,830
10	55,578	56,475	57,372	58,268	59,165		66,788	68,582	70,375	72,169	73,962
	1,200	1,220	1,240	1,260	1,280		1,450	1,490	1,530	1,570	1,610
9　評估職位職等	51,543	52,350	53,157	53,964	54,771		60,062	61,407	62,752	64,098	65,443
	1,100	1,120	1,140	1,160	1,180		1,300	1,330	1,360	1,390	1,420
8＝14	47,508	48,315	49,122	49,929	50,736		55,578	56,475	57,372	58,268	59,165
	1,000	1,020	1,040	1,060	1,080		1,200	1,220	1,240	1,260	1,280
7＝13	43,473	44,280	45,087	45,894	46,701		51,543	52,350	53,157	53,964	54,771
	900	920	940	960	980		1,100	1,120	1,140	1,160	1,180
6＝12	40,447	41,052	41,657	42,263	42,868		47,508	48,315	49,122	49,929	50,736
	825	840	855	870	885		1,000	1,020	1,040	1,060	1,080
5＝11	37,421	38,026	38,631	39,236	39,842		43,473	44,280	45,087	45,894	46,701
	750	765	780	795	810		900	920	940	960	980
4＝10	34,394	35,000	35,605	36,210	38,815		40,447	41,052	41,657	42,263	42,868
	675	690	705	720	735		825	840	855	870	885
3＝9	31,368	31,973	32,579	33,184	33,789		37,421	38,026	38,631	39,236	39,842
	600	615	630	645	660		750	765	780	795	810
2＝8	28,754	29,277	29,800	30,322	30,845		34,394	35,000	35,605	36,210	36,815
	550	560	570	580	590		675	690	705	720	735
1	26,140	26,663	27,186	27,708	28,231		31,368	31,973	32,579	33,184	33,789
	500	510	520	530	540		600	615	630	645	660

（註）⑴表格內上段數字表示薪資額（單位：NT $），下段表示薪資點（薪
　　　點）。
　　　⑵職等分別定位為高中畢業是二級、二專畢業是四級、大學畢業是五
　　　級、碩士為六級、博士為八級。
　　　⑶空白部分數據省略。
資料來源：中國石油公司人事資料。

〔案例2〕　中國鋼鐵公司

　　中國鋼鐵與中國石油同樣屬於國營企業，從業人員約有九千六百
多人，一年營業額居臺灣第四位（1993年）。❽

　　中國鋼鐵的薪資制度主要是參考德國、日本及韓國鋼鐵業的薪資
制度所作成的。該公司的薪資制度在型態上是屬職務加給。薪資表
（職位表）不同於中國石油，是以勞工的職別作為分類制度。換句話
說，白領職位的薪資表有別於藍領職位的。職務等級雖有設定，但其
薪資表並不公開，所以從業員只知道本人的薪資額而已。而起薪則是
依據其學歷或經驗年資來決定。

　　首先來看一下白領職位的薪資表。在表上，設定二十個等級
(grade)，再分成十九個職等(step)。高中畢業是四級、二專畢業是五
級、大學畢業是六級、碩士是七級、博士為八級，依次定職位。每進
一級支付NT $3,000，每進職一等給付NT $1,000。晉升時其年齡與繼
續服務年資並不成為主要因素。換言之，並不依據年資，沒有定期性
的晉級，只實施依據人事考核的晉升辦法。人事考核的辦法（評估
法）是在IE部門的協助下由人事單位來決定。（並不依據勞資間之協
定），考核表直接呈報於主事的上司。退休年齡因其職位而異：上限
是到十二級為六十歲，十三至十五級是六十三歲，十六級以上是六十
五歲，十七級以上是非工會人員。至於，總經理和董事長而言，是可

以延長二年的。再者，十三至十五級是相當於主任、股長、課長職位，十六至十七級是部長職位，而十八級以上是副總經理職位（圖表2–14）。適用於藍領階級的薪資表是由二十五個等級，和十二個職等所組成。實施的晉升辦法是：每進一級支付NT＄1,170，每進職一等給付NT＄500。藍領階級全部為工會會員，因此晉升辦法相同於白領階級（圖表2–15）。

圖2–14　中國鋼鐵公司薪資表（管理、事務職，1994年）

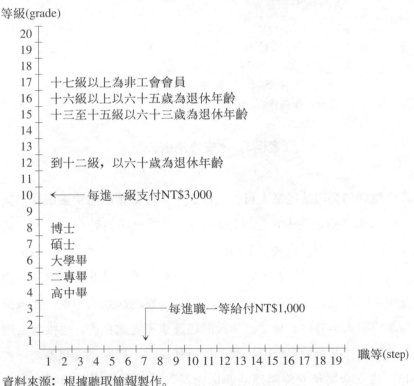

等級(grade)

```
20
19
18
17   十七級以上為非工會會員
16   十六級以上以六十五歲為退休年齡
15   十三至十五級以六十三歲為退休年齡
14
13
12   到十二級，以六十歲為退休年齡
11
10  ←──── 每進一級支付NT$3,000
 9
 8   博士
 7   碩士
 6   大學畢
 5   二專畢
 4   高中畢
 3           ┌── 每進職一等給付NT$1,000
 2           │
 1           ↓
    1 2 3 4 5 6 7 8 9 10 11 12 13 14 15 16 17 18 19   職等(step)
```

資料來源：根據聽取簡報製作。

圖表2-15 中國鋼鐵之薪資表（現職，1994年）

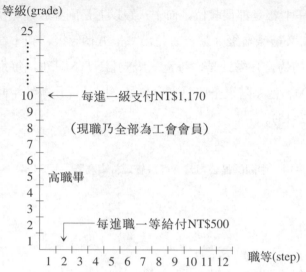

資料來源：根據聽取簡報製作。

〔案例3〕 安鋒鋼鐵公司

安鋒鋼鐵公司的從業人員為六百五十人，業績繼續快速成長，其銷售額居全臺灣第三十八位（1993年）。❾該公司的薪資系統與起薪標準是公布的，但薪資表並不公開。

該公司沒有公開的薪資表，分為等級和職等，就此點而言和中國石油與中國鋼鐵是相似的。晉升是以不同學歷的起薪為起點，並依據經驗年資與人事考核來實施，年齡問題幾乎不考慮在內，也沒有定期晉升。特別津貼是於春節時發放二個月薪資。不同學歷之起薪如圖表2-16。峰安金屬是安鋒鋼鐵的關係企業，其不同學歷的起薪如圖表2-17。此外，兩公司對於管理職位者另支付職務加給，或職務津貼（圖表2-18）。

圖表2-16　安鋒鋼鐵公司之起薪

(1994年，單位：元 [NT $])

	研　究　所 （工、碩士）	研　究　所 （其他碩士）	大　學 （工）	大　學 （其他）	專　科 （工）	專　科 （其他）	高　中 高　職
男性	25,200	24,200	20,200	19,200	17,200	15,700	13,200
女性	18,700	17,700	14,700	13,700	11,200		8,700

(註) ⑴本薪之外，支付生產津貼、交通津貼、伙食津貼、夜間加班費。
　　　⑵高中指普通高中，高職指工職、商職。
　　　　專科指三專、五專及二專。
資料來源：安鋒鋼鐵公司人事資料。

圖表2-17　峰安金屬公司的起薪表

(1994年，單位：元 [NT $])

項　　目	博　士	碩　士	大　學	三　專	二、五專	高中以下
基本薪金	30,000	23,000	17,500	15,500	13,500	12,000
伙食津貼	1,800	1,800	1,800	1,800	1,800	1,800
全勤津貼	2,000	2,000	2,000	2,000	2,000	2,000
交通津貼	1,200	1,200	1,200	1,200	1,200	1,200
現場津貼	－	－	－	－	－	－
其　　他	－	－	－	－	－	－
合　　計	35,000	28,000	22,500	20,500	18,500	17,000

資料來源：峰安金屬內部資料。

圖表2-18　安鋒與峰安之職務加給

(1994年，單位：元 [NT $])

安　鋒　鋼　鐵		峰　安　金　屬	
總經理	15,000	總經理	15,000
副總經理	10,000	副總經理	12,000
副理	7,000		
處長	5,000	廠（處）長 副廠（處）長 高級專員	9,000 6,000 5,000
課長	4,000	課長（主任） 副課長（副主任） 專員	4,000 3,200 3,000
領班	2,000	領班（現場班長） 副領班（副現場班長）	2,500 2,000
班長	1,000	班長	1,000

資料來源：聽取簡報而製作。

　　據聞採用與安鋒鋼鐵大致相同的薪資制度的企業為數不少。茲將類似於該企業的其他公司的薪資體系以及不同學歷的起薪列表（圖表2-19）如下。至於相當於基本薪的部份一般稱為基本薪、本薪、本俸，或底薪等。

圖表2-19　各鋼鐵公司不同學歷起薪比較表

(1994年7月11日, 單位: 元[NT $])

性別	學歷	參武				高興昌				銘長			
		本薪	固定津貼	生產獎金	月薪總額	基本薪	固定津貼	生產獎金	月薪總額	最低薪	固定津貼	生產獎金	月薪總額
男性	國小	17,800	2,000	3,500	23,300	17,980	619	-	18,599	-	-	-	-
	國中	17,800	2,000	3,500	23,300	17,980	619	-	18,599	12,320	5,040	2,000	19,360
	高中	18,800	2,000	3,500	24,300	18,450 (事務)	650	-	19,100	12,980 (新工場)	5,040	2,000	20,020
	高職	19,500	2,000	3,500	25,000	20,925 (現場)	815	-	21,740	14,480 (舊工場)	5,040	2,000	21,520
	五專	20,500 (私立)	2,000	2,800	25,300	20,400 (事務)	2,170	-	22,570	13,580 (新工場)	5,040	2,000	20,620
	二專	22,000 (公立)	2,000	2,800	26,800	20,700 (現場)	2,190	-	22,890	15,080 (舊工場)	5,040	2,000	22,120
	三專	22,000	2,000	2,800	26,800	24,400 (事務)	2,437	-	26,837	21,080 (國立)	5,040	2,000	28,120
	大學	24,500 (日間)	2,000	2,800	29,300	24,850 (現場)	2,467	-	27,317	22,080	5,040	2,000	29,120
	大學	23,500 (夜間)	2,000	2,800	28,300								
	碩士	28,500	2,000	2,800	33,300	28,500	2,710	-	31,210	25,080	5,040	2,000	32,120
女性	高中	14,800	2,000	0	16,800	15,750	470	-	16,220	11,300	5,040	2,000	18,340
	五專	15,600	2,000	0	17,600	17,925	615	-	18,540	-	-	-	-
	三專	16,600	2,000	0	18,600	18,450	650	-	19,100	-	-	-	-
	大學	18,600	2,000	0	20,600	19,860	744	-	20,604	-	-	-	-
	碩士	24,000	2,000	0	26,000	-	-	-	-	-	-	-	-

備考

參武	高興昌	銘長
從業員數: 327人 資本金額: 18.93億元	從業員數: 584人 資本金額: 33.98億元	從業員數: 460人 資本金額: 13.36億元

資料來源:《天下》, 1,000期特大號, 天下雜誌社, 1994年6月10日。

〔案例4〕 FR公司

　　FR公司設廠於臺灣的臺南縣，從業人員約有二百五十人，屬於典型的中型企業。該公司主要是製造汽機車零件、OA事務用品、按摩椅（健康醫療儀器）等。產品大部分以出口為主。FR公司薪資項目如下：

薪資＝底薪＋職務加給＋技術津貼＋勤務津貼＋伙食津貼＋全勤獎金
　　　＋業務津貼

　　FR公司的不同學歷起薪，內容如圖表2–20；但經探尋而被採用者，其薪資是另案處理的。以不同學歷的起薪為起點，從業人員經晉職、晉升逐漸晉薪。課長職以上的晉升不再有男性女性之分。沒有定期晉薪，而晉薪是經評估（人事考核）來實施。提高薪資之議是遵照政府的指示。年終獎金是在春節發放二個月的薪資。

　　該公司所採用的資格制度如圖表2–21，職掌分成管理職（主管職）與非管理職（非主管職）。非主管職再細分十個職級。就是說對所謂的管理職（以及相當於該級者）支付職務加給（如圖表2–22）。

　　除各項津貼以外的基本薪資部分如圖表2–23。各項津貼包括技術津貼、勤務津貼、伙食津貼、全勤獎金以及業績獎金。

圖表2-20　起薪基準表（FR公司）

（1993年9月1日，單位：元 [NT $]）

男　性從業員	現　場			幕　僚			
	大　專	高　職	國中小	大　學	大　專	高　職	國中小
基 本 薪	390	390	390	480	450	410	390
技術津貼	0	0	0	0	0	0	0
現場津貼	0	0	0	0	0	0	0
職務加給	0	0	0	0	0	0	0
勤務津貼	2,600	2,600	2,600	1,600	1,600	1,600	1,600
伙食津貼	1,800	1,800	1,800	1,800	1,800	1,800	1,800
交 通 費	300	300	300	300	300	300	300
全勤獎金	600	600	600	600	600	600	600
月　　薪	17,000	17,000	17,000	18,700	17,800	16,600	16,000
女　性從業員	現　場			幕　僚			
	大　專	高　職	國中小	大　學	大　專	高　職	國中小
基 本 薪	340	340	340	420	390	360	340
技術津貼	0	0	0	0	0	0	0
現場津貼	0	0	0	0	0	0	0
職務加給	0	0	0	0	0	0	0
勤務津貼	2,100	2,100	2,100	500	500	500	500
伙食津貼	1,800	1,800	1,800	1,800	1,800	1,800	1,800
交 通 費	300	300	300	300	300	300	300
全勤獎金	600	600	600	600	600	600	600
月　　薪	15,000	15,000	15,000	15,800	14,900	14,000	13,400

資料來源：FR公司人事資料。

圖表2-21　職權分類表及平行規定（FR公司）

職級	職　　　　　稱		
	主　管　職	非　主　管　職	
		工業技術開發	業務、管理、品管、廠務
董事長級	董事長，副董事長		
總經理級	（副）總經理		
經協理級	協　理、廠　長	總　工程師	高　級　專　員
	經　　　　理	八級　工程師	八　級　專　員
	副　　　　理	七級　工程師	七　級　專　員
課　長　級	課　　　　長	六級　工程師	六　級　專　員
		五級　工程師	五　級　專　員
	副　課　長	四級　工程師	四　級　專　員
組　長　級	組　　　　長	三級　工程師	三　級　專　員
		二級　工程師	二　級　專　員
	副　組　長	一級　工程師	一　級　專　員
從業員級		技　術　員	職　員、從　業　員

資料來源：FR公司人事資料。

圖表2-22　職務加給表（FR公司）

（1993年9月1日，單位：元 [NT $]）

類　別	金　額	類　別	金　額	類　別	金　額	類　別	金　額
組 一　級	800	課 四　級	3,000	經 七　級	6,000	副 副　總	15,000
副組長	1,000	副課長	3,500	協 副　理	7,000	總	
長 二　級	1,500	長 五　級	4,000	理 八　級	8,000	經	
組　長	2,000	課　長	5,000	級 經　理	9,000	理	
級 三　級	2,200	級 六　級	5,000	高　級	10,000	級	
・代理或助理組長相當於一級。				協　理	12,000	總經理	20,000

資料來源：FR公司人事資料。

圖表2-23 FR公司的基本工資表

(1993年9月1日，單位: 元 [NT $])

級　　數	從 業 員	一　　級	二　　級	三　　級
基本薪 男	20,000元以下	20,000～24,000	22,000～27,000	24,000～28,000
女	17,500元以下	17,500～21,000	18,500～21,000	20,000～27,000

級　　數	四　　級	五　　級	六　　級	七　　級
基 本 薪	24,000～30,000	25,000～32,000	27,000～38,000	30,000～45,000

級　　數	八　　級	高　　級	總經理級
基 本 薪	35,000～50,000	40,000～60,000	50,000元以上

（註）基本薪（薪資淨額）＝薪給總額－各項津貼
資料來源: FR公司人事資料。

4.職能津貼

在後面第四章將述及，在日本，薪資體系以職能津貼為主流，而在臺灣採用這一薪資體系者也有逐漸增加之勢。關於這一點，同職務加給一樣，在臺灣已有專業介紹，似已有些影響力了。

臺灣的職能津貼（職能給）薪給和職務薪資一樣，大半都是把薪資體系的一部分加以化為職能津貼而已。以下，舉幾個案例探討一下。

〔案例1〕　臺南紡織公司

臺南紡織是設立於臺灣臺南的大企業，從業人員約二千八百人，營業銷售額居臺灣第七十位。 ❿ 該公司是依據職能資格職級制度採用

職能津貼。起薪是依不同學歷而規定，大學以上畢業者支月薪，其他者支日薪。圖表2-24就是薪資表。總經理（社長）與副總經理（副社長）之外，設定了十個職級，再分成一百個職等。工資是考慮職能、年齡及服務年資來決定。定期晉升之制度雖然實施，但不是一成不變，乃要經過人事考核，決定等級，臺南紡織的薪資結構在型態上屬職務津貼，但以內容而言，可說傾向年資薪資，或年資的色彩較強烈的綜合性薪資制。

圖表2-24　臺南紡織之薪資表

(1994年7月1日，單位：元 [NT $])

	總　經　理	副總經理	一　　　等	二等～八等	九　　　等	十　　　等
1	13,000	9,640	5,540		729(24.3)	537(17.9)
2	13,352	9,928	5,668		750(25.0)	558(18.6)
3	13,704	10,216	5,796		777(25.9)	579(19.3)
4	14,056	10,504	5,924		798(26.6)	606(20.2)
5	14,408	10,792	6,052		819(27.3)	627(20.9)
6	14,760	11,080	6,180		840(28.0)	648(21.6)
7	15,112	11,368	6,308		867(28.9)	675(22.5)
8	15,464	11,656	6,436		888(29.6)	696(23.2)
9	15,816	11,944	6,564		909(30.3)	717(23.9)
10	16,168	12,232	6,692		936(31.2)	738(24.6)
11 ⋮ 29						
30	23,208	17,992	9,252		1,374(45.8)	1,170(39.0)
31	23,560	18,280	9,380		1,395(46.5)	1,191(39.7)
32	23,912	18,568	9,508		1,416(47.2)	1,212(40.4)
33	24,264	18,856	9,636		1,437(47.9)	1,233(41.1)
34	24,616	19,144	9,764		1,458(48.6)	1,254(41.8)
35	24,968	19,432	9,892		1,479(49.3)	1,275(42.5)
36	25,320	19,720	10,020		1,500(50.0)	1,296(43.2)
37	25,672	20,008	10,148		1,521(50.7)	1,317(43.9)
38	26,024	20,296	10,276		1,542(51.4)	1,338(44.6)

39	26,376	20,584	10,404		1,563(52.1)	1,359(45.3)
40	26,728	20,872	10,532		1,584(52.8)	1,380(46.0)
41 ⋮ 59						
60 ⋮ 70						
71 ⋮ 89						
90	44,328	35,272	16,932		2,634(87.1)	2,430(81.0)
91	44,680	35,560	17,060		2,655(88.5)	2,451(81.7)
92	45,032	35,848	17,188		2,676(89.2)	2,472(82.4)
93	45,384	36,136	17,316		2,697(89.9)	2,493(83.1)
94	45,736	36,424	17,444		2,718(90.6)	2,514(83.8)
95	46,088	36,712	17,572		2,739(91.3)	2,535(84.5)
96	46,440	37,000	17,700		2,760(92.0)	2,556(85.2)
97	46,792	37,288	17,828		2,781(92.7)	2,577(85.9)
98	47,144	37,576	17,956		2,802(93.4)	2,598(86.6)
99	47,496	37,864	18,084		2,823(94.1)	2,619(87.3)
100	47,848	38,152	18,212		2,844(94.8)	2,640(88.0)

（註）（　）內為日薪。空白部分省略。數值指「本薪」部分。
資料來源：臺南紡織人事資料。

〔案例2〕　　長谷建設公司

　　長谷建設是設立於臺灣南部高雄，擁有從業員約一百名，是正在迅速成長中的中型企業。長谷建設採用依據職能等級制度的職務津貼制。該公司的薪資結構如圖表2-25。又如圖表2-26顯示，該公司設定了八個職階，然後再區分為三十個職級。不同學歷的新進人員薪資之職階為第八，而其職級設定如下：高中畢業：23至24、專科畢業：17至19、大學畢業：13至15、碩士(MBA)：1至4。

圖表2-25 長谷建設的薪資結構表

			基本薪
		基本薪	
	薪 資		職務津貼
			職位津貼
		津 貼	工地津貼
			作業津貼
薪資結構			伙食津貼
			外地津貼
			特別津貼
			加班津貼
			全勤獎金
			效率獎金
	獎 金		紅利獎金
			節約獎金
			年終獎金
	獎 金		股 息
			年終獎金

資料來源: 長谷建設人事資料。

表2-26　長谷建設之薪點表

職級 ＼ 職位（職階）	一 資深專員（Ⅰ）資深工程師、管理師	二 資深專員（Ⅱ）資深工程師、管理師	三 資深專員（Ⅲ）資深工程師、管理師	四 高級專員 高級工程師、管理師	五 一等專員 正工程師、管理師	六 二等專員 副工程師、管理師	七 三等專員 助理工程師、管理師	八 工程人員 辦事員
1	141.4〜	101.4	63.9	54.4	46.5	39.4	33.1	27.6
2	139.4	99.9	62.7	53.4	45.6	38.6	32.4	27.0
3	137.4	98.4	61.5	52.4	44.7	37.8	31.7	26.4
4	135.4	96.9	60.3	51.4	43.8	37.0	31.0	25.8
5	133.4	95.4	59.1	50.4	42.9	36.2	30.3	25.2
6	131.4	93.9	57.9	49.4	42.0	35.4	29.6	24.6
7	129.4	92.4	56.7	48.4	41.1	34.6	28.9	24.0
8	127.4	90.9	55.5	47.4	40.2	33.8	28.2	23.4
9	125.4	89.4	54.3	46.4	39.3	33.0	27.5	22.8
10	123.4	87.9	53.1	45.4	38.4	32.2	26.8	22.2
11 ⋮ 24								
25	93.4	65.4	35.1	30.4	24.9	20.2	16.3	13.2
26	91.4	63.9	33.9	29.4	24.0	19.4	15.6	12.6
27	89.4	62.4	32.7	28.4	23.1	18.6	14.9	12.0
28	87.4	60.9	31.5	27.4	22.2	17.8	14.2	11.4
29	85.4	59.4	30.3	26.4	21.3	17.0	13.5	10.8
30	38.4	57.9	29.1	25.4	20.4	16.2	12.8	10.2
級距	2.0	1.5	1.2	1.0	0.9	0.8	0.7	0.6

（註）資深管理師（工程師、專員）由三階晉至二階，或由二階晉至一階，視為同職位晉升。空白部分數據省略。

資料來源：長谷建設人事資料。

圖表2-27　長谷建設之年資薪表（年功薪資）

職階＼職位＼職級	一 資深專員 資深工程師（Ⅰ）、管理師	二 資深專員 資深工程師（Ⅱ）、管理師	三 資深專員 資深工程師（Ⅲ）、管理師	四 高級專員 高級工程師、管理師	五 一等專員 正工程師、管理師	六 二等專員 副工程師、管理師	七 三等專員 助理工程師、管理師	八 辦事員 工程人員
1		121.4	78.9	66.4	56.5	48.4	41.1	34.6
2		119.4	77.4	65.2	55.5	47.5	40.3	33.9
3		117.4	75.9	64.0	54.5	46.6	39.5	33.2
4		115.4	74.4	62.8	53.5	45.7	38.7	32.5
5		113.4	72.9	61.6	52.5	44.8	37.9	31.8
6		111.4	71.4	60.4	51.5	43.9	37.1	31.1
7		109.4	69.9	59.2	50.5	43.0	36.5	30.4
8		107.4	68.4	58.0	49.5	42.1	35.5	29.7
9		105.4	66.9	56.8	48.5	41.2	34.7	29.0
10		103.4	65.4	55.6	47.5	40.3	33.9	28.3
級距	–	2.0	1.5	1.2	1.0	0.9	0.8	0.7

（註）一階資深管理師（工程師、專員）不受年資薪之限制，薪級可依年終考績往上晉升。

資料來源：長谷建設人事資料。

　　長谷建設之基本薪資部分，其中一部分為年資薪資，而這個部分依每一職階與階級，有所規定（圖表2-27）。薪資金額以「薪點表」表示。各薪點乘以單價（每一薪點基數）可得絕對金額。

　　新進人員薪資設定一定的幅度。視其主修領域有所區別。理工學院畢業生的支薪標準要比文科學系畢業生高。再者，因主修學科與分發單位之關係，也會產生差距。例如：主修心理學的人如被分發至企劃部門，當然會較不利。至於定期晉升雖然實施，但並非千篇一律，

仍要依人事考核來決定不同等級。獎金是每年核發二次（7月與過年），這也不是一視同仁，仍要依人事考核來決定等級。

〔案例3〕　燁隆鋼鐵公司

燁隆鋼鐵是設立於臺灣南部高雄，其從業人員約有一千人，營業銷售金額居臺灣第六十三位的企業。 ❶

該公司新進人員之薪資是依據學歷與經驗來決定。大學畢業生是一律相同。薪資表分二種，也就是說藍領與白領階級，而薪資表也分二類。定期晉升雖然實施，但非一律晉級，乃依據服務年資，或人事考核之結果來定等級。年終獎金分兩種：一為依服務年資；二為依個人業績。在農曆過年時支給，最高有三至四個月。

5.不同職位的薪資差異

在此，將提到新進人員的薪資，及不同職位的薪資差異案例，並藉此補充論述臺灣的薪資制度。

1993年2月，B公司的新進人員薪資如圖表2-28。依該表看來，以男性從業員為例，高中畢業者與大學畢業者之薪資差距達37.5％。在此擬與日本作個比較，1993年春季日本新進人員的薪資如下： ❷

大學研究所碩士（技術系統）	215,418日圓
大學畢業（事務系統）	195,463日圓
技術學院畢業（技術系統）	173,369日圓
專科畢業（事務系統）	165,958日圓
高中畢業（事務系統）	154,168日圓

依上述數值，高中事務系統畢業與大學事務系統畢業者之薪資差距達26.8％。由此可知臺灣的不同學歷的薪資差距(37.5％)比起日本的數值還要大得多。

圖表2-28　B公司新進人員薪資表

（單位：元 [NT $]）

性別　　　學歷	男		女	
	1992年2月	1993年2月	1992年2月	1993年2月
碩　　　士	26,500	30,000	24,600	27,000
大　學　畢	20,500	22,000	19,500	19,000
三　專　畢	18,700	19,500	17,200	16,800
二專、五專畢	18,200	19,000	16,500	16,500
高　中　畢	15,300	16,000	14,300	15,000
國中、國小畢	14,500	15,000	12,800	13,500

（註）⑴二專（二年制專科學校）是高中畢業二年制專科學校。
　　　⑵五專（五年制專科學校）是國中畢業五年制專科學校。
　　　⑶三專（三年制專科學校）是高中畢業三年制專科學校。
資料來源：B公司人事資料。

圖表2-29　D公司的不同職位薪資表（1993年2月）

（單位：元 [NT $]）

薪資　　職位	最　　低	標　　準	最　　高
廠　　　長	78,000	83,000	92,000
副　廠　長	71,600	75,000	84,000
協　　　理	68,000	71,600	80,000
經　　　理	55,300	58,000	64,000

副　　　理	44,600	47,000	51,700
課　　　長	36,500	38,500	42,000
副　課　長	31,300	33,000	36,000
專　　　員	30,000	31,500	34,500
主　　　任	26,000	27,500	30,000
副　主　任	23,600	25,000	27,500
組　　　長	22,500	23,800	26,000

資料來源：D公司人事資料。

　　圖表2-29是D公司的不同職位薪資表。由於筆者手上缺乏可以比較的日本方面的實例，無法作直接的比較；不過，臺灣的不同職位的工資在等級上的差異，可說比日本的大的多。

四　結　　語

　　以上，筆者從臺灣的工資問題中，特地把工資水準、工資體系及工資結構等為中心提出來，主要是透過統計的事例，盡量把其實際情形與基本特徵說明清楚。由於文獻、資料之取得受到限制，內文稍嫌不夠充分；然而對臺灣的工資制度的實際情形與特徵而言，筆者相信已做到某些程度的說明。

❶　有關臺灣的勞工關係諸法，均參照在如下的文獻中收錄的法令：⑴臺灣省政府勞工處編印，《勞工法令輯要》，1991年；⑵施茂林／劉清景編，《最新實用六法全書》，大偉書局，1992年。該六法全書已有下列日譯本（但非全譯）：張有忠翻譯、校閱，《中華民國六法全書》，日本評論社，1993年。另

外，有關主要的勞工關係法也有如下的日譯本：日本勞動協會編，《臺灣的勞動事情》，日本勞動協會，1993年，189–295頁。

❷ 有關「民主化宣言」前後的勞工關係及薪資問題，請參考下列著作：⑴佐護譽／文尚鎬，〈韓國的勞工公會 —— 其歷史與現狀〉，九州產業大學，《經營學論集》，第二卷第三號，1992年；⑵佐護譽／安熙卓，〈韓國的薪資體系之歷史與現狀〉，九州產業大學，《經營學論集》，第三卷第三號，1993年。

❸ 《活用勞工統計》（1996年版），社會經濟生產性本部，1996年，186頁。

❹ 《管理制度百科全書，人事管理》，凱信出版事業有限公司，1992年，5頁。

❺ 劉志宏，《勞工問題及勞資關係論》，正中書局，1977年，54頁。

❻ 有關日本的職務加給，請參考下列書：佐護譽，〈日本的薪資管理〉，佐護譽／安春植編著，《日韓勞務管理上的比較》，有斐閣，1993年，9頁。

❼ 《天下》，1,000期特大號，天下雜誌社，1994年6月10日，99頁。

❽ 同上。

❾ 同上。

❿ 同上，101頁。

⓫ 同上。

⓬ 日經聯調查書（《朝日新聞》，1993年8月31日，早報）。

第三章　日本的勞資關係體制
—— 以團體交涉和勞資協議為中心

一　前　言

　　成為日本勞資關係中心的乃是企業階層。在企業階層的勞資關係中，扮演最重要角色的是團體交涉和勞資協議。因此，本章希望經考察有關團體交涉和勞資協議的各種問題來探討日本的勞資關係特色。

　　那麼團體交涉和勞資協議是如何區分呢？兩者就勞資雙方以對等立場來討論勞資間存在的各問題而言，是有共同之處。如此說來在那一點有差異呢？一般及抽象上是如此說的，亦即勞資關係原本擁有「對立面」（指經營與工會關係），和「合作面」（指經營與員工關係）之兩方面。由於有這樣勞資關係的兩面性，以致團體交涉是處理勞資間的利害對立事項，而勞資協議則處理共同利害事項。但在後頭將會明白，實際上利害對立事項，也經常以勞資協議來解決，而且要明確地區分利害對立事項，和共同利害事項，是很困難的。因此可說，這樣的區別只不過是暫行的。

　　且說，在德國團體交涉和勞資協議（＝共同決定），是有明確區分的。其交涉主體（＝當事者），與階層對象都不同。至於日本方面又如何呢？日本的團體交涉，幾乎是依照不同企業工會，在企業階層

中進行。因此，有工會組織而且設有勞資協議機構的企業，其團體交涉和勞資協議在制度上的關係將成一個問題。

在工會和勞資協議機構並存的企業，團體交涉和勞資協議主體幾乎是同樣的。因此，使團體交涉和勞資協議的界限，變得模糊不清，要區別兩者有困難。的確一般而言，我們可說：「勞資協議制是和團體交涉，乃不同的勞資商談，而團體交涉是處於輔佐的關係。」❶ 但是兩者混淆不清，卻是日本當今的現狀。現在以此為重心，考察有關團體交涉和勞資協議的各種問題，並經此來明瞭日本的勞資關係的特色。

二　團體交涉制度

即使是日本也和歐美各國一樣，各種勞動條件多半藉由勞資間之交涉來決定。有關勞資交涉型態，大致可區分為團體交涉和勞資協議。❷ 因此希望針對這兩者，來理解日本作法。現在由前者開始論說。

成為勞資關係的中心（代表性行為主體）者，在現代資本主義社會中，是指工會及其相對的經營者（或是屬於該組織的經營者團體）間的關係。也就是說，在勞資關係中，工會和經營者關係(union-management relations)成為最重要問題。

簡單地說，團體交涉是指工人自主組織的工會，和經營者或經營者團體，就雇用及勞動條件進行交涉。在此先就團體交涉的實施情形來敘述，隨之在有關團體交涉的各問題中，針對團體交涉對象事項（＝團體交涉事項範圍）及型態，和勞動協約來論述。

1.團體交涉的實施情況

在日本團體交涉成為一般性，是在第二次世界大戰以後的事。雖然規模很小，勞動運動很早以前就已展開。但於第二次世界大戰前，勞動運動受到各種嚴格限制，工會在質與量上面而言相當薄弱，而經由團體交涉，也沒有實現改善雇用和勞動條件的力量。

那麼，現在的團體交涉是何種狀況呢？首先以勞動部對民營企業工會（人數規模在三人以上之單位工會），大約五千個為對象，並依照1992年2月7日所做調查來看團體交涉所實施狀況。 ❸

在1989年7月1日至1992年6月30日這三年中，勞資間的協商狀況（如圖表3-1）。表中「有過一些商議」的工會比率，依事項別來看，以「勞動時間」占88.2％最多，其次是「工資」占88.1％。由此可知，關於兩大勞動條件的商議較多。還有，設置勞資協議機構工會比率是75.3％（1987年：84.2％），對有勞資協議機構工會，其重要的商議大多是關於「工資」的團體交涉者多，且在「雇用與人事」和「福利保健」的勞資協議機構變多（圖表3-2、3-3）。

觀察過去三年中團體交涉之實施狀況，和經營者（包括經營者團體）間進行團體交涉的工會比率是79.3％（1982年：68％，1987年：77.3％），沒有進行團體交涉的工會是20.7％，由此可知團體交涉很盛行。同時進行團體交涉工會之比率凡「工會人數與企業規模」越大，越有偏低之趨勢。

由進行團體交涉之工會所做的交涉型態觀之，則「只有該工會的交涉」占84.4％，遠超過「和企業內上層組織一起交涉」(9.5％)，「和企業外上層組織（產業別組織）一起交涉」(5.0％)，及「和企業外上層組織（地域別組織）一起交涉」(1.2％)等。

另一方面，就沒有進行團體交涉之工會(占全部的21％)，觀其理由因「具備必要的勞動協定」者有4.6％，因「曾在勞資協議機構中進行商議」者有34.8％，因「內定由上層團體代行團體交涉」者有49.3％，還有「其他」則有9.0％。

再者，依據有無勞資協議機構，來看是否有過團體交涉，在有勞資協議之工會中，進行團體交涉的工會有80.19％，而在沒有勞資協議機構工會中，進行團體交涉的工會有76.9％，情形可說幾乎沒有什麼差異。

圖表3-1　過去三年間不同工會的勞資雙方是否有過商議之比率

(％)

事　　　　　　項	工會合計	有過一些商議	沒有任何商議	不　　　明
工資	100.0	81.8　（※）	14.9　（※）	3.3　（※）
定期工資（基本薪、各項津貼）、獎金、慰勞金	100.0	80.7※1(84.2)　※2(84.4)	15.9※1(12.0)　※2(12.1)	3.4※1(3.8)　※2(3.5)
退休金（含退休年金）	100.0	55.2　(65.2)	37.0　(28.9)	7.8　(5.9)
其他	100.0	53.5　（※）	36.8　（※）	9.6　（※）
工作時間	100.0	88.2　（※）	9.2　（※）	2.6　（※）
規定的工作時間	100.0	64.8　(67.6)	28.3　(25.9)	6.9　(6.5)
休日工作時間	100.0	66.1　(72.4)	26.3　(21.5)	7.6　(6.1)
休日（含週休二日）	100.0	72.0　(65.9)	21.7　(27.3)	6.2　(6.8)
休假（含連續休假）	100.0	64.3　(62.8)	27.7　(29.5)	8.0　(7.7)
其他	100.0	47.4　（※）	41.8　（※）	10.7　（※）
雇用、人事	100.0	76.4　（※）	18.9　（※）	4.7　（※）
採用、增員	100.0	52.4　（※）	39.2　（※）	8.3　（※）
調動職位、出差	100.0	43.3　(53.7)	47.0　(38.4)	9.7　(7.9)
調查志願退休者、解雇	100.0	11.6　(31.3)	74.8　(56.9)	13.6　(11.8)
退休制度（含延長退休年限）	100.0	47.8　(59.2)	42.8　(33.3)	9.4　(7.5)
其他	100.0	41.3　（※）	49.2　（※）	9.5　（※）
福利、健保	100.0	67.9　(74.8)	27.0　(19.5)	5.1　(5.7)

宿舍、補助家屬制度	100.0	37.5	（※）	52.0	（※）	10.5	（※）
體育設施、休閒處所	100.0	30.5	（※）	57.8	（※）	11.7	（※）
其他	100.0	62.0	（※）	32.0	（※）	6.0	（※）
育嬰假、看護假制度	100.0	54.3	（※）	37.6	（※）	8.1	（※）
工作場所環境	100.0	69.4	（※）	25.1	（※）	5.4	（※）
健康管理	100.0	54.1	（※）	36.9	（※）	9.1	（※）
重新締結綜合性勞動協約、更新、全面性改訂	100.0	39.2	（※）	50.0	（※）	10.8	（※）
勞動協約之解說、釋義	100.0	31.5	（42.2）	58.5	（47.0）	10.1	（10.8）
經營方針	100.0	54.6	（※）	38.0	（※）	7.3	（※）

（註）⑴過去三年指自1989年7月1日至1992年6月30日。

　　　⑵「有過一些商議」指在團體交涉、勞資協議機構、處理申訴機構及其他場所舉辦的商議而言。

　　　⑶（　）內數字表示前次1987年的調查結果。※1指「定期工資」（基本薪、各項津貼）※2指「獎金、慰勞金」。

　　　⑷（※）指在1987年未經調查，或沒有正確的相對關係。

資料來源：勞動部勞政局編著，《最新勞動協定等實情》，勞務行政研究所，
　　　　　1994年，134頁。

圖表3-2　不同對象的事項在過去三年間於勞資協議機構，或團體交涉中舉行商議的工會比率（有勞資協議機構）

（%）

事　　　　　項	有勞資協議機構	在勞資協議機構商議過	於團體交涉中商議過
工　資	100.0	45.2	65.9
定期工資（基本薪、各項津貼）、獎金、慰勞金	100.0	32.3	65.1
退休金（含退休年金）	100.0	29.3	38.5
其　　　　他	100.0	30.1	33.1
工作時間	100.0	64.0	56.4
規定的工作時間	100.0	39.6	42.9
規定外、休日工作時間	100.0	47.6	35.2
休日（含週休二日制）	100.0	42.6	43.8
休假（含連續休假）	100.0	42.3	36.7

其　　　　　他	100.0	35.1	21.3
雇用、人事	100.0	60.6	38.4
採用、增員	100.0	40.9	15.4
調動職位、出差	100.0	34.6	10.5
調查志願退休者、解雇	100.0	8.0	4.2
退休制（含延長退休）	100.0	27.5	29.6
其　　　　　他	100.0	31.2	10.8
福利保險	100.0	54.2	28.8
宿舍、補助家屬制度	100.0	26.8	16.1
體育設施、休閒場所	100.0	24.2	8.2
其　　　　　他	100.0	47.5	20.8
育嬰休假制度、看護休假制度	100.0	34.7	30.5
工作場所環境	100.0	54.7	21.5
健康管理	100.0	42.6	12.2
重新締結綜合性勞動協約、更新、全面性改訂	100.0	26.0	20.9
勞動協約之解說、釋義	100.0	23.0	10.8
經營方針	100.0	49.9	16.7

（註）過去三年指自1989年7月1日至1992年6月30日。

資料來源：勞動部長官房政策調查部，《日本勞工工會的實情(II)》（1993年版），
　　　　　財政部印刷局，1993年。

圖表3-3　在不同場合的工會上作重點式商議的比率（限於設有勞資協議的工會）在團體交涉和不同勞資協議機構中占據高比率的事項（上至第五位）

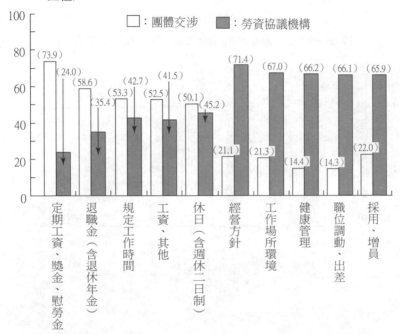

資料來源：同圖表3-1，137頁。

2.團體交涉的對象

在日本勞動工會法中，並沒有明確地規定團體交涉的對象。勞動工會法第六條規定：「工會代表或得到工會委任者，有權利為了工會或會員，和雇用者或其團體，交涉有關勞動協約之締結與其他事項」。還有，第七條第二款中規定，「雇主沒有正當理由而拒絕和雇用的勞工代表進行團體交涉」視為「不正當的勞動行為」加以禁止。但是上列的各種規定都很抽象，對何事可成為團體交涉之對象，並沒有

具體提出明確的規定。因此，特定事項是否為法律上所規定的團體交涉事項，時常引起爭議。❹

圖表3-4　在不同事項的團體交涉中舉行交涉的工會 (%)

工資　(84.8) (83.9)
定期工資、獎金、慰勞金
退休金　(47.2)
工作時間　(74.3)
規定外、休日工作時間　(54.6) (45.0)
規定工作時間　(59.3)
休假　(47.1) (53.0)
休日
雇用、人事
採用、增員　(24.0) (15.7)
職位調動、出差　(4.9)
志願退休者之調查、解雇　(37.6) (39.9)
退休制度
福利保健　(21.9) (10.7)
宿舍、家庭補助制度
體育設施、休閒場所　(38.0) (32.6)
育嬰休假制度、看護休假制度
工作場所環境　(18.8)
健康管理　(24.9) (14.9)
重新締結綜合性勞動協約等　(22.3)
勞動協約解說、釋義
經營方針

資料來源：同圖表3-1，142頁。

　　針對上列依照勞動部調查，1989年至1992年間關於進行團體交涉的工會，觀看其團體交涉事項，以關於「工資」做交涉的工會最多，有84.8％，其次是「工作時間」占74.37％。另外「雇用與人事」占53.0％。其中以有關勞動及雇用條件事項的比率較高（圖表3-4）。

　　工資、獎金、工作時間與休假等的基本勞動條件，雖然構成團體交涉事項，但經營者對工作者個人的升遷、人事異動、考勤（考

核）、賞罰及個別解雇等，雇主把它作為經營權項目而拒絕團體交涉者不少。還有產生許多關於引進新機器、更新設備、遷移公司事務所及合併公司、變更組織、收置工廠、向外部訂購等的「經營、生產事項」亦發生很多糾紛。一般而言，即使是這些事項，會影響到勞動者的工作種類、工作場所和工作條件等勞動條件，也可成為團體交涉事項；但，在很多企業中，把這些事項作為協議事項，在勞資協議中，被提出的情形甚為普遍。再說，團體交涉事項之範圍，由於勞資力的關係有某些程度的變動。❺

3.團體交涉型態

以團體交涉型態而言，有全國性交涉及不同產業、地域、職業、或企業間之交涉，及這些型態的組合。例如在德國通常則有不同地域與產業的交涉。相對地在日本，工會組織型態，是起因於不同企業的工會；所以和不同企業的工會，以及與相對的各雇用者（經營者）的企業交涉，可說相當多。

依照前述勞動部調查（1992年7月），在團體交涉中，企業外高層組織幹部，以工會的交涉委員身份，而出席工會之比率只有2.7％。還有，擔任雇用者的交涉委員，外圍雇用者團體重要職務人員，或系列公司重要職員的出席比率亦為2.7％。❻

從上列數字可以明瞭，在日本民間企業，其團體交涉通常只在企業勞資間進行，而外圍組織（以勞工方面而言，有各行業工會和區域組織等，而以雇主而言，則有雇主團體）參與團體交涉者是極少的。

在日本，企業內交涉是非常之多，但在法律上，進行團體交涉之權限，勞資皆可以委託給第三者（依據工會法第六條）。實際上，工會方面，把交涉權委託給上層團體的實例經常可見。特別是交涉事項

為工資時，為了謀求工資水準的水平化，僅限於此問題，把交涉權委託於上層團體的情況很多。還有，也有上層團體本身，根據自己的團體交涉權，來參與團體交涉的案例。

上層團體對團體交涉方式，主要有統一交涉、對角線交涉、集團交涉，及不同產業的交涉等數種。 ❼

4.「春季鬥爭」方式

成為日本團體交涉重心，是環繞於工資的團體交涉。尤其是提高薪水的交涉，從1955年以後，以春鬥（春季鬥爭＝在春季特定時期，各產業工會所做的統一行動）方式進行著。 ❽

第二次世界大戰後幾年間，因為激烈的通貨膨脹，每年好幾次，重複著要求大幅提高好幾倍，或百分之幾十的加薪要求。於1951年左右，有春秋兩次交涉，其後直到1954年，乃以秋天的工資交涉為重點。

1954年因韓戰停戰後之不景氣，各產業都抑制工資上漲，採取所謂「將提高工資基準改為定期加薪」的工資停止政策以後，由當時的合化勞工聯盟委員長太田薰所提案，在1954年12月，把民間五個行業工會（＝不同產業的聯合體）組成共同鬥爭會議（包括合化、炭工、私鐵總聯、電產、紙漿工聯），並於隔年1955年1月，加上全國金屬、化學同盟，及電機工聯，組成八個行業工會共鬥團體，發動了春鬥。其後在1956年官公聯，1959年鋼鐵工聯及全國造船等也加入了。

作為日本式提高工資的春鬥方式，在經濟高度成長時代，曾有效地發揮了功能。但於第一次石油危機（1973年）後的低成長及穩定成長下，春鬥方式的極限也明顯了，因此被稱為是：「春鬥的終局」， ❾ 也有一段時間了。 ❿

5.勞動協約

5.1　締結勞動協約的狀況

　　在團體交涉中如意見已達一致，通常會寫成某些文件。對於契約概念較強的歐美各國，通常會締結勞動協約，依照勞動部調查（1992年7月），在日本達成締結勞動協約的工會比率是51.9％。相對地「不屬於勞動協約的文件」占有28.9％，而採納於就業規則中的有16.4％（圖表3-5）。由此可知，若和歐美各國比較，日本締結勞動協約率很低。特別是在中小企業中正如此。

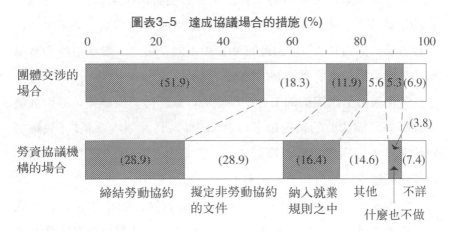

圖表3-5　達成協議場合的措施 (%)

資料來源：同圖表3-1，152頁。

　　再者，依勞動部的勞動協約調查所下的定義，所謂勞動協約乃指「不問名稱如何，在工會和雇主，或其團體之間訂定之勞動條件，及其他有關的決議，並在書面上雙方當事者簽名，或記名蓋章」。❶這樣的勞動協約的締結狀況，藉勞動部的調查（1991年7月）來觀察一下。❷

　　經觀察勞動協約的締結情形，得知「訂有勞動協約」的工會比率是91.3％（1977年調查：81％，1982年調查：86％，1986年調查：91.7％）。依工會人員數目多少和規模來觀察有沒有勞動協約，則知有勞動協約的工會比率，在五千人以上工會中占100％，但隨著規模變小，比率逐漸下降，在三十至九十九人的工會，即占有88.3％。再看，不同規模企業之勞動協約的實際情況，在五千人以上的大企業其締結率為98.2％，而隨著規模變小逐漸降低，在擁有三十至九十九人規模企業中，變成80.1％，顯示出和工會人員數，不同規模的企業的情形有同樣的傾向。

　　此外關於簽訂勞動協約工會，由簽訂主體情況來看，「只有談工會的協約簽訂」占61.2％，「只有上層組織的簽訂協約」占14.6％，「雙方協約」占18.1％。由此可知，由不同企業之工會所訂的企業階層的勞動協約是處於被控制的體制。

　　若由簽訂勞動協約的工會手續來看，以「勞資協議後，經由團體交涉而簽訂協約」的情形最多，有62.3％。其餘依次序是：「只經勞資協議，未做團體交涉而簽訂協約」的有21.8％，「不經勞資協議，而經由團體交涉簽訂協約」的有9.2％（圖表3-6）。

　　由勞動協約簽訂情況而言，依關於勞動條件的事項來看，有關「工資」與「工作時間」事項，是占五成左右，比其他事項較偏高，而關於勞動工會事項（「工會組織」、「團體交涉」、「爭議」及「工會活動」），一般而言占有約五成的簽約率。**❸**

　　對簽訂勞動協約的工會，由簽訂協約形式看來，簽訂只包括協約的工會占28.0％，簽訂包括協約和個別契約的占51.6％，還有只簽訂個別契約的工會約占17.7％。**❹**

圖表3-6　締結勞動協約的手續 (%)

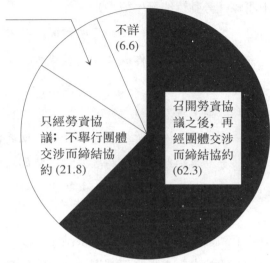

不開勞資協議，經團體交涉締結協約 (9.2)

不詳 (6.6)

召開勞資協議之後，再經團體交涉而締結協約 (62.3)

只經勞資協議；不舉行團體交涉而締結協約 (21.8)

資料來源：同圖表3-1，152頁。

5.2　勞動協約的效力

勞動協約的內容，是由⑴如制定工資和工作時間等等的「有關勞動條件及其他有關勞工待遇基準」部分，和⑵在工作時間中或工作場所內的工會活動的方式，及團體交涉手續等的「工會和雇主的關係」等部分所組成。並且⑴是制定每一個工人，從雇主所應得的待遇的基準部分，而⑵是規定勞動協約當事人間的權利與義務。在此⑴被稱為是屬於規範部分，⑵則被稱為屬債務部分。

在規範部分，一般是屬於工資（包括獎金、退休金）、工作時間、休閒、公休、休假、安全衛生、災害賠償、昇遷、異動、獎懲等基準規定。關於這些規範部分，在勞動工會法上，特別有效力，也就是保證規範效力。就這一點探討一下。

關於日本的勞動工會法，其勞動協約規定如下：

第十四條（勞動協約發生效力）

　　工會和雇用者，或和其團體間的勞動條件，以及其他相關的勞動協約，需作成文件，經雙方當事者簽名，或簽字蓋章即產生效力。

第十六條（基準效力）

　　違反勞動協約所規定勞動條件，或其他工人待遇有關基準的勞動契約部分將視為無效。這時的無效部分，依照規定基準處理。至於勞動契約上未規定部分也同樣處理。

　　如上列第十六條的明文規定很清楚，現行法上認為協約基準只認定規範上的效力。⑮那麼何謂規範效力？如第十六條所規定，違反協約基準而已成無效的部分勞動契約，可照協約基準取代，而且勞動契約上未制定部分，也可按照協約基準，把它補充上（補充效力）。像這種作法，被稱為勞動協約的規範效力。或者也被稱為協約規範的直律強行性。

　　作為勞動協約效力，除了規範效力外，在德國協約法理論影響下，也討論了債務效力、和平義務與執行義義等部分。⑯

三　勞資協議制度

　　勞資協議制度以及團體交涉制度和處理投訴制度，均為完全補充或代替性制度；在現代的勞資關係中，扮演著重要角色。同時勞資協議制度，也成為「參加經營」的另一個型態，倍受重視。

　　至於話說勞資協議制度，由於國家不同，在其制度和功能上也有

相當差異。在本章舉出日本的勞資協議制度，就此來研究其制度和功能；並希望藉此使日本的勞資協議制度的特質明朗化。

1. 何謂勞資協議

　　所謂的勞資協議(joint consultation)，不只是指企業階層本身，還包括產業、業務、地域，更甚而以至全國各階層，❶在此希望舉出，僅限於日本最普遍性企業階層中的勞資協議。所謂的企業階層的勞資協議制度，都被稱為經營協議會、勞資協議制、勞資互談會、生產協議會、生產委員會、工廠委員會等勞資關係上的機構之一（圖表3-7）。這種制度的實質因國家不同，也有相當差異。也就是說，此制度由工作者（員工）自己作主，也有依法律設定，也有依勞動協約設置於個別企業之中。日本因為大部分的勞動工會，是屬於不同企業的工會，所以勞資協議制度，通常依照每個企業的勞資協定（特別是勞動協定），而採取以個別企業為單位所設定的聯合協議機構型態。

　　依勞動部1977年度所做調查，勞資協議機構的設置依據遵照勞動協約而設置的有77％，占四分之三以上，而依「其他規定」所設置的有22％，另依「就業規則」設置的是3％。而將它以不同企業規模觀之，顯示規模越大，依據勞動協約所設置的傾向也越多。❶依據生產力總部（即現在的社會經濟生產力本部，下面說明使用此名稱），在1980年度所做調查，勞動協議機構設置根據，得知按照勞動協約規定的有85.4％，除此以外的勞資協商占有14.6％。❶

圖表3-7 勞資協議機構之名稱

	企業單位		事業場所單位		工作場所單位	
答案實例	勞資協議會	190	事業場所勞資協議會	53	工作場所懇談會	62
	經營協議會	73	勞資懇談會	35	工作場所協議會	17
	勞資懇談會	52	分部勞資協議會	26	工作場所經營協議會	8
	中央勞資懇談會	32	勞資協議會	23	生產委員會	5
	中央經營協議會	26	事業場所經營協議會	19		
	中央協議會	15	地方勞資懇談會	14		
	勞動協議會	13	地方經營協議會	10		
回答數	401		180		92	

資料來源： 日本生產力本部編，《日本的勞資協議制——其實情與課題》，日本生產力本部，1976年，11頁。

　　那麼，勞資協議制度有如其多樣性名稱所顯示，其組織與功能也有各式各樣，因此，要明確而且限於某一意義來下定義，幾乎是不可能。了解此觀點之後，在下面要介紹兩個代表性定義。

　　社會經濟生產力本部，於1955年開始以來一直推行企業內「勞資協議制度」。日本勞資協議制度的普及，歸功於社會經濟生產力本部負責的各種活動。該本部所提倡勞資協議制的基本想法，可說和1952年ILO總會，所選定的「有關企業階層雇主和工人間之協議及有關合作的勸告」⑳（第九十四號勸告）相同。㉑ 在該勸告裡頭，「關於在雇主和工人互相關係事項中，凡未包括於團體交涉制度範圍內者，或依決定雇用條件以外的制度，通常不處理者」的企業階層上勞資協議及合作(consultation and cooperation between employers and workers at the level of the undertaking)機構，被視為勞資協議制度。依此定義，不同於團體交涉的勞資間的意見溝通機構已在考量中。而相對地，在勞動部所實施的「勞資溝通調查」中，即定義為：「所謂的勞資協議

機構，乃指以勞資來協議經營、生產、勞動條件與福利衛生等事項的常設機構。」❷

上述定義，在意識著對象和交涉事項這一點上，有共同性。因此，將留意這一點，在下面接著來看，在日本被稱為勞資協議制的實施狀況及內容，並藉此來了解所謂的勞資協議制度為何物。

2.勞資協議實施狀況

由歷史觀之，日本的勞資協議制度歷史，可追溯到第二次世界大戰以前。❷但是真正引進勞資協議制度，是開始於日本經濟進入高度成長階段的1950年代後半（即昭和30年代前半）以後的事，並如字面所示，於高度成長期的1960年代普及並固定下來，❷然後在1970與80年代，其制度和功能更為加強，而延續至今（圖表3-8A、3-8B）。❷

那麼，勞資協議制度的實施狀況，現在又如何呢？依照勞動部的調查，來看勞資協議機構（這是指以勞資協議來經營、生產、勞動條件與福利生活等事項的常設機構）的設置狀況（圖表3-9）。

就1989年度而言，設置勞資協議機構的事業所的比率，在企業規模五十人以上占58.1％，而事業所規模有一百人以上的占69.4％，與1984年的65.2％，和1977年的62.6％比較，有稍微增加。由不同的企業規模觀之，規模愈大，設置事業所比率有愈高傾向，在五千人以上規模中，占73.3％的事業所有設置，但對五十至九十九人及一百至二百九十九人規模者，大約占半數。至於勞工工會方面，設有工會的事業所中，有77.8％設置，而不設勞工工會的事業所，則占38.7％，剛好為設有勞工工會的事務所的大約一半。❷

圖3-8A　不同設置時期的勞資協議機構之結構

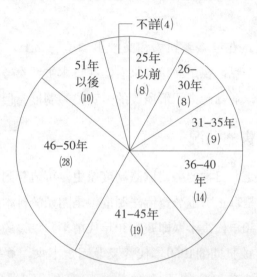

資料來源：勞動部勞政局編著，《最新工作協定之實情》(1979年版)，勞務行政
　　　　　研究所，129頁。

圖3-8B　設置時期（公司級）

	昭和20年代	昭和30年代	昭和40~47年代	昭和48~55年代
全體（370家）	33.8%	27.3%	22.7%	16.2%
10,000人以上	61.8%	26.5%	5.9	5.9
5,000~9,999人	48.8%	29.3%	14.6	7.3
1,000~4,999人	37.7%	28.7%	18.0%	15.6%
500~999人	21.4%	22.9%	32.9%	22.9%
300~499人	14.7%	26.5%	38.2%	20.6%
300人以下	4.2%	29.2%	41.7%	25.0%

資料來源：日本生產力本部編，《新環境下之勞資協議制》，日本生產力本部，
1981年，18頁。

圖表3-9 勞資協議機構設置事業場所之比例

(%)

企業規模 有無工會	合計	1977年		合計	1984年		合計	1989年	
		勞資協議機關有	勞資協議機關無		勞資協議機關有	勞資協議機關無		勞資協議機關有	勞資協議機關無
合　　計	100.0	62.6	37.4	100.0	65.2	34.8	100.0	58.1(69.4)	41.9(30.6)
5,000人以上	100.0	70.3	29.7	100.0	81.0	18.9	100.0	73.3(83.4)	26.7(16.6)
1,000–4,999人	100.0	75.7	24.3	100.0	74.0	26.0	100.0	67.9(76.1)	32.1(23.9)
300– 999人	100.0	65.8	34.2	100.0	64.4	35.5	100.0	66.6(75.2)	33.4(24.8)
100– 299人	100.0	52.1	47.9	100.0	56.1	43.9	100.0	49.9(57.2)	50.1(42.8)
50– 99人	–	–	–	–	–	–	100.0	50.5(–)	49.5(–)
工會　有	100.0	72.4	27.6	100.0	78.5	21.5	100.0	77.8(84.1)	22.2(15.9)
工會　無	100.0	37.5	62.5	100.0	39.1	60.8	100.0	38.7(44.2)	61.3(55.8)

（註）⑴1977年、1984年及1989年的（　）內數據表示事業場所規模有一百人
以上。
⑵有關1977年及1984年的數據是依1989年的調查方式算出。
資料來源：勞動部長官房政策調查部主編，《日本勞資溝通之現狀》（1990年
版），財政部印刷局，1990年，13頁。

　　據勞動部調查得知，情形如上，規模較大的企業為對象，經社會
經濟生產力本部調查，1980年勞資協議機構的設置比率達90％，至
1990年，所謂：「勞資協議機構普及率，在民間主要企業中比率高達
93.7％，現在的勞資協議制度，可說從社會慣例，已變成社會規範的
階段了。」❷在日本大多數的大企業中，不但組織勞工工會，而且也
設置勞資協議機構。
　　再看勞資協議機構的設置單位，設置在「企業單位」中的最多，
占有56％，其次是設置在「事業所單位」的有38％，另設置在「工作
場所」的只有4％。如將它以不同企業規模來看，企業規模越大，設

置於事業所單位中的比率越高；相反地，規模小的企業，設置至企業
單位中的比率較高。❷至於設置勞資協議機構的主要目的，正如圖表
3-10所示。

圖表3-10　勞資協議機構不同設置目的之組合比率（單位：％）

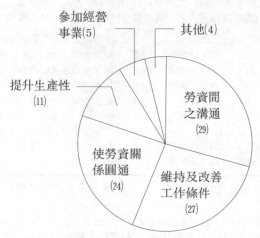

（註）設置目的是在勞資協議機構設置目的之中，以勞資雙方最重視者之一來
　　　表示。還有，如果沒有什麼有關設置目的之一些規定，同時對勞資相關
　　　規定的共識也不一致時，即以工會最重視之目的來表示。
資料來源：勞動部勞政局編著，《最新工作協定之實情》（1979年編），勞務行政
　　　研究所，130頁。

　　由勞資協議機構的組織結構觀之，「只有單獨勞資協議機構」的
事業所，其比率為47.0％，由「勞資協議機構和其下層組織的專門委
員會」所構成的事業所為44.1％，「合併多數勞資協議機構」的事業
所為5.1％。再看設有下層組織的專門委員會事業所，平均一個事業
所設置專門委員會的有3.3％。而此專門委員會在90.5％的事業所中設
置「安全衛生委員會」之外，其他也設有：「福利、衛生委員會」、
「生產力委員會」與「假日、勞動時間委員會」等的即占

20～40％。 ㉙

　若由勞資協議機構的員工觀之，在設有勞動工會的事業所中，屬於「勞動工會代表」占88.1％，在不設勞動工會事業所中，「經由員工互選產生者」有75.2％，還有「由雇主所指定者」有26.6％。在經營者代表，通常是包含（或除外）社長在內的重要幹部及管理職。由此可知勞資協議制的勞資代表，與團體交涉代表幾乎相同。尚且，勞資協議機構的組織，很多與勞資數目相同。 ㉚

　由勞資協議所舉辦次數看來，從1988年7月1日，到1989年6月30日為止的一年期間，每個事業體中，勞資協議機構所舉辦次數，有14.2次，如以不同規模觀之，在五千人以上規模的有21.3次，五十至九十九人規模的是7.1次，顯示出企業規模越大，次數越多之傾向。 ㉛

3.勞資協議附議事項

　和上述勞資協議所實施情況相同，根據勞動部1989年度調查，來看看勞資協議機構所附議事項（圖表3-11）。 ㉜

　若對勞資協議機構所附議事項觀之，一般而言，勞動條件事項，和經營事項比較，作為附議事項的事業所的比率較高。在有關勞動條件事項中，對「工作時間、休日、休假」，及「工作場所的安全衛生」，分別有86％的事業所作為附議事項，至於「變更工作情形」也有79％的事業所作為附議事項。並且「工資、慰勞獎金」、「退休金」與「退職、津貼、養老基準」等有70％的程度。

　另一方面，關於經營事項中，有關經營戰略事項中的「公司組織機構的新設或廢除」，還有「生產、販賣等的基本計畫」，及「經營基本方針」是55～60％。在有關人事管理事項中，「調換職務與派出」，

及「採用和職務基準」，是占50％強，作為附議事項比率，比起勞動條件事項較為偏低。

　　觀看有無勞動工會時，有關勞動條件事項中，出現沒有勞動工會的事業所，其附議事項比例較高，比較有勞動工會的事業所，並無太大差別。

　　且說，如圖表3-11所示，附帶於勞資協議制內的事項，並不一定需要取得勞資雙方意見的一致。即使是協議，內容自勞資代表的意見一致，以及單純的說明與報告等，也分成好幾個階段。關於經營的事項（包括經營基本方針、生產與販賣的基本計畫，以及公司組織機構之新設和廢除等），由經營者做說明和報告者較多。對工作場所的安全、衛生、福利健保等，以作為勞資的意見交換，和協議對象者居多。在有關勞動條件事項中，工資、慰勞獎金、退職津貼、年金基準、工作時間、休日、休假，與退休制度等很多需要協議或取得同意事項；也就是說，有必要使勞資代表的意見一致。需要使意見一致的事項而言，勞資代表未達到意見一致時，在許多場合，有勞動工會的組織者，多把勞動協議，轉移至團體交涉來處理。❸

　　如上面敘述，著眼於附議事項，可以將日本的勞資協議之特色舉出下列兩點：❹

　　第一點，在勞資協議機構所附議事項，其範圍很廣。由此，勞動工會可相當正確地把握該企業的經營狀況。其結果可向經營者提出考慮到企業經營管理情況的現實要求。

　　第二點，提交勞資協議機構的附議事項，是分成為報告與說明到共同決定等很多階層。因此關於附議事項，並不必事事取得勞資雙方意見的一致，所以勞資協議機構的經營進行比較圓滑。只有意見應該一致的事項，未達到一致者，大半都委託團體交涉來處理。

圖表3-11　勞資雙方處理附議事項之程度及工會是否設有事業場所之比率

(%)

項目	付議事項 合計	工會有	工會無	說明報告事項 合計	工會有	工會無	意見聽取事項 合計	工會有	工會無	協議事項 合計	工會有	工會無	同意事項 合計	工會有	工會無
有關經營事項															
經營基本方針	56.5	60.8	48.2	77.6	79.0	74.3	8.5	8.5	8.4	11.7	10.9	13.8	2.2	1.6	3.5
生產、銷售等基本計畫	59.5	62.3	53.9	66.3	73.2	50.6	12.5	11.6	14.6	18.6	13.4	30.7	2.5	1.9	4.0
公司組織機構之新設改廢	59.6	65.4	48.0	61.3	60.8	62.9	13.0	13.4	11.8	19.4	19.7	18.6	6.3	6.1	6.8
引進應用新技術之機器等生產事務之合理化	55.8	59.2	49.3	39.3	46.5	22.2	18.5	15.9	24.7	37.5	34.1	45.6	4.6	3.4	7.5
管理有關人事事項															
採用、分派基準	50.9	54.0	44.7	42.2	47.4	29.9	21.1	18.2	27.9	29.3	27.4	33.7	7.4	7.0	8.4
調動職位、出差	58.3	65.0	45.1	29.0	30.5	24.6	17.6	16.4	21.1	37.0	37.7	34.9	16.4	15.4	19.4
暫時請假人員整理、解雇	61.9	67.3	51.2	10.6	9.2	14.3	8.4	5.9	14.8	55.7	58.7	48.1	25.2	26.2	22.8
有關工作事項															
勤務方式之變更	79.2	81.5	74.5	11.1	7.5	18.6	11.7	7.8	20.0	57.9	64.3	44.1	19.4	20.4	17.3
工作時間、休日、休假	85.8	83.8	89.8	9.1	7.0	12.9	9.6	3.9	20.0	56.3	61.6	46.4	25.1	27.5	20.7
工作場所安全衛生	85.6	86.3	84.2	11.5	11.4	11.7	17.8	17.5	18.5	61.9	61.4	62.8	8.8	9.7	7.0
退休制度	69.9	71.4	67.0	13.1	9.4	20.9	6.9	3.4	14.0	48.4	55.4	33.8	31.6	31.8	31.2
工資、慰勞金基準	69.9	72.3	65.1	16.2	7.6	35.2	4.4	2.1	9.5	52.7	57.7	41.8	26.6	32.6	13.5
退休津貼、年金基準	65.7	67.9	61.4	16.6	10.3	30.2	5.5	2.1	12.7	49.7	54.2	40.0	28.3	33.3	17.2
其他事項															
教育訓練計畫	63.3	61.7	66.6	40.9	47.8	28.4	18.8	19.2	18.0	32.8	25.6	45.9	7.5	7.3	7.7
福利保健	81.5	82.2	80.1	14.8	16.1	12.2	20.4	17.4	26.4	56.6	57.0	55.3	8.3	9.5	6.1
文化體育活動	72.8	72.4	73.7	16.5	20.5	8.8	22.0	19.9	26.1	53.1	50.8	57.6	8.4	8.9	7.5

資料來源：同圖表3-9，16頁。

4.勞資協議的成果評價和今後方針

觀看關於勞資協議機構的成果評價（圖表3–12）得知，「相當有成果」的事業所是66.2％，「不太有成果」是5.6％。又，在事業所規模有一百人以上的，「相當有成果」的，是占74.7％，和1984年的75.8％比較，略為減少。以不同規模來看，規模愈大，其成果「相當提升」的事業所比例較高，而一千人以上規模的，超過80％。而以有無勞動工會為準，「相當有成果」的事業所比率是有勞動工會者占76.2％，沒有的是46.5％。

關於勞資協議機構的今後方針而言，❸「希望維持現狀」的事業所是67.0％，「以更充實方針來改善」者是29.8％，但相對地「希望廢除」者極少只有0.4％。就「欲以更加充實的方針來改善」的事業所，來看其改善方法，得知半數考慮以「確立經營規則」為具體方法，考慮「增加舉辦次數」，及「增加附議事項」，也占有三分之一左右。

如上述，可以了解到日本的勞資協議制度已完全穩固了，並在處理解決勞資間各種問題上，扮演著重要角色。更可以說確立勞資協議制度，乃是穩定日本勞資關係的一項重要因素。

圖表3-12　在勞資協議機構之成果評估，不同成果的事業場所比率

(%)

企業規模 有無工會	有勞資協議機關	相當有成果	企業運作較為順利	與工會溝通較為良好	有助於整頓工作環境	從業人員之工作滿足提高	從業人員開始關心公司經營	M.A. 其他	M.A. 不詳	不太有成果	難以判斷	不詳
1984年　　合計	100.0	75.8(　－)	(　－)	(　－)	(　－)	(　－)	(　－)	(　－)	(　－)	3.7	20.3	0.3
	100.0	74.7(100.0)	(47.7)	(70.9)	(36.7)	(10.2)	(18.8)	(0.6)	(0.1)	5.3	18.0	2.0
1989年　　合計	100.0	66.2(100.0)	(43.2)	(59.9)	(36.3)	(14.9)	(22.6)	(0.6)	(0.4)	5.6	25.9	2.3
5,000人　以上	100.0	85.9(100.0)	(57.0)	(76.5)	(32.9)	(3.7)	(13.3)	(0.1)	(0.0)	2.0	10.1	2.0
1,000—4,999人	100.0	81.3(100.0)	(43.1)	(74.9)	(46.2)	(5.7)	(13.5)	(2.0)	(0.7)	5.3	11.5	1.9
300—　999人	100.0	70.7(100.0)	(39.7)	(72.3)	(32.1)	(9.4)	(28.4)	(1.1)	(1.4)	4.4	20.7	4.2
100—　299人	100.0	59.5(100.0)	(42.7)	(49.2)	(41.6)	(17.6)	(24.6)	(　－)	(　－)	5.8	32.1	2.6
50—　　99人	100.0	49.9(100.0)	(33.2)	(29.9)	(32.0)	(35.6)	(31.3)	(　－)	(　－)	8.4	40.7	1.0
工會　　　有	100.0	76.2(100.0)	(43.6)	(78.4)	(35.3)	(7.7)	(15.8)	(0.7)	(0.1)	3.4	18.2	2.2
工會　　　無	100.0	46.5(100.0)	(42.0)	(　－)	(39.8)	(38.2)	(44.7)	(0.0)	(1.4)	9.8	41.2	2.5

（註）1984年及1989年合計上段數據表示事業場所規模一百人以上者。
資料來源：同圖表3-9，17頁。

5.團體交涉和勞資協議的關係

　　以上論述有關日本勞資協議的概要，而勞資交涉型態，除了有勞資協議外，還有團體交涉。以企業階層勞資關係為中心的日本勞資關係、團體交涉幾乎是依照不同企業的工會的企業交涉，因此組織勞動工會，並且也設有勞資協議機構的企業，其團體交涉和勞資協議的制度關係或功能上的區別將成為一個問題。

　　團體交涉和勞資協議，在勞資以對等立場來討論存在於勞資間的各種問題這一點上而言，是有其共同性的。那麼，在兩者間何處存有不同點呢？例如德國的情況是團體交涉和勞資協議（＝共同決定的一部分）有明確區分。❸不論交涉主體（＝當事者），或階層，或對象事項都不相同。而日本又怎樣？首先在形式上，探討其團體交涉與勞

資協議的差異：

⑴團體交涉是基於憲法上團體交涉權的保障（第二十八條：勞動基本權），會受到勞動工會法上的保護和協助；但勞資協議制度，則未受法律的任何限制，是屬於勞資間的自主性機構。

⑵團體交涉以爭議權為背景，勞動工會在團體交涉未達妥協時，可以訴諸於爭議行為。而相對於此，勞資協議機構是屬於自主調整機構，以解決各種問題，也於事前防止紛爭發生為目的。其爭議權並未被認同。在商談背景中，是否有爭議權乃是決定性差異之一。

⑶勞資協議機構在其特性上，工會地方委員必需是員工。至於團體交涉時，則不限定交涉委員為員工。

⑷依勞資協議對象做區別，大致上是可行的。關於這一點說明如下。

就團體交涉和勞資協議關係，著眼於其對象事項，一般性與抽象性的說法是這樣的。勞資關係本來存有「對立面」（＝經營和勞動工會關係），及「合作面」（＝經營和員工關係）這兩面。由於這種勞資關係的兩面性，團體交涉是處理勞資間的利害對立事項，而勞資協議則處理共同利害事項。在下面來探討這一點。

在日本的勞動工會法中，沒有明確規定團體交涉的對象事項。因此，就特定事項是否為法律上團體交涉事項，經常引起糾紛。關於此點，請參考前面已舉過的圖表3-3。在此應重視的是，已成為團體交涉對象事項，同時也會變成勞資協議的對象事項。也就是說，同一事項在某場合中，於團體交涉中處理，而在另一場合，會於勞資協議中加以處理。

如上述，實際上利害對立事項，在勞資協議中討論的場合經常發生，而且要明確區分利害對立事項，和共通利害事項是困難的。因

此，對象事項的差異區分，可以說是大概的性質，因為在許多場合中兩者常重疊。在日本要明確區別團體交涉與勞資協議的對象事項是不可能的，因此依對象事項不同，來明確區別團體交涉和勞資協議也是不可能的。

接著由統計資料來看勞資協議和團體交涉的制度關係。

依1980年度社會經濟生產力本部調查，勞資協議與團體交涉之關係，區分為下列的三種類型（圖表3-13）：

⑴分離型：設置各式不同的制度，而在勞資協議機構中，不處理團體交涉事項。

⑵聯結型：雖設置各式不同的制度，但對團體交涉事項，則在勞資協議機構中，先進行預備性商議。

⑶混合型：不特別地區別兩個制度，在一個機構中，也處理團體交涉事項。

分別觀看上面三種型態，其比率是「分離型」占37.7%，「聯結型」是35.4%，「混合型」是26.7%，而分離型與聯結型大致相同，混合型則少了一點。

圖3-13 勞資協議機構與處理團體交涉之附議事項

全體（423家）	37.7%	35.4%	26.7%
10,000人以上	38.2%	29.4%	32.4%
5,000~9,999人	45.3%	37.7%	17.0%
1,000~4,999人	34.9%	33.9%	31.3%
500~999人	30.9%	43.2%	24.7%
300~499人	48.6%	27.0%	24.3%
300人以下	48.1%	37.0%	14.8%

☐ 各自成為不同的制度，而團體交涉事項並不在勞資協議機構中處理（分離型）。

▨ 各自被視為不同的制度，但在勞資協議機構中事先舉行有關團體交涉事項的預備性商議（連結型）。

▩ 不特地區別雙方的制度，在勞資協議機構中也處理團體交涉事項（混合型）。

（註）自1980年8月20日起至10月20日，以在全國股票交易所上市的公司一千七百一十家為對象作調查。

資料來源：日本生產力本部編，《新環境下的勞資協議制度》，日本生產力本部，1981年，18頁。

　　而依上面調查，關於「工資、暫時慰勞金、加班時間以外問題，是否做團體交涉」的問題，由問卷的回答來看，得知「自動地進行團體交涉」是20.8％，「在勞資事務交涉中檢討」是22.2％，「暫時在勞資協議機構中商議」是12.6％，「盡可能在勞資協議中解決」則為40.6％；對於達成勞資間的意見一致，與解決問題一事，即在實際運用中，可知其重點是放在勞資協議上面。這顯示了日本勞資協議，作為勞資間的功能調整，發揮很重要的角色（圖表3-14）。

圖表3-14　團體交涉與勞資協議制在制度上的關聯

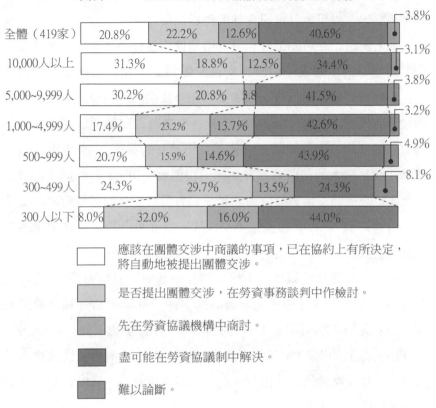

資料來源：同圖表3-13，25頁。

　　還有，根據勞動部的「勞動協約等實際和情況調查」❸（1972年8、9月，一千一百六十八個工會），知道在勞資協議機構中，未達成意見一致的時候，在事後處理方式上，把它「移至團體交涉」的占有52%者最多，而且傾向大企業要比小企業較強。在同一調查中，勞資協議失敗時，「轉由第三者斡旋、調停與仲裁」者是2%，雇用者「強硬處理」的有3%。又，依1991年7月實施的同一調查，回答「勞資協議後，經由團體交涉簽訂協約」的企業是62.3%（刊載於前面圖表

3-6)。從這些調查來看,日本的勞資協議,可說是企業內團體交涉的預備交涉,或可說其前段交涉的色彩很濃厚。

　如上所述,在勞動工會和勞資協議機構並存的企業中,團體交涉和勞資協議的主體幾乎相同。而且,團體交涉和勞資協議的附議事項,也無法明確區別。故,團體交涉和勞資協議境界變成模糊,兩者的區別有困難。的確一般而言:「勞資協議制與團體交涉是不同的勞資對談的立場,而與團體交涉建立互相補充的關係」,❸但兩者混淆不清,卻是日本的現狀。而且如同前提圖表3-6所示,若把「勞資協議之後,經團體交涉簽訂協約」和「只有勞資協議而不進行團體交涉來簽訂協約」,合在一起便達至84.1%,當可明白勞資協議遠比團體交涉倍受重視。

　那麼,在勞資協議機構中達成意見一致時,其情形是:「簽訂勞動協約」占28.9%,「作成非勞動協約文件」占28.9%,「採納於就業規則內」有16.4%,「其他」措施有14.6%,「什麼也不做」有3.8%,與「不清楚」的有7.4%(前提圖表3-5)。❹在日本可說達成意見一致結果,作成文件的比率很低。這一點與達成意見一致時,全部作成文書的德國等相比大有差異。

四　結　語

　以上筆者提出在企業階層中之日本勞資關係,藉以說明扮演主要角色之團體交涉和勞資協議的特色。

　團體交涉和勞資協議制度,作為企業階層的勞資關係制度雖已穩固,但後者則發揮更重要的功能。現實上,團體交涉和勞資協議,已成混淆不清的。為了這緣故,勞資協議的對象事項就相當廣泛地擴

展，且和團體交涉沒有明確區分。故，本來應為團體交涉的對象事項，在很多場合也成為勞資協議對象。也就是說，團體交涉功能，被認為由勞資協議取代的傾向很強。團體交涉和勞資協議如此的混淆，主要是起因於勞動工會設置於企業內之緣故。如此現實情況，以肯定的眼光看，有穩定勞資關係，對產業之和平有所貢獻，但以否定的眼光來看，可說給工人帶來交涉能力的減退。

❶ 日本生產力本部編，《尋求充實勞資協議制》，日本生產力本部，1990年，19頁。

❷ 依勞動部調查，作為解決勞資間各問題之手段，今後要重視的，以勞資協議機構最多，占有48.1％，其次是團體交涉占45.5％，處理申訴機構占有1.3％，另有爭議行為是0.9％，還有勞資協議機構和團體交涉兩者，占了九成以上。又，依有無勞資協議機構這一點來看，設有勞資協議機構的勞動工會中，勞資協議是59.8％，團體交涉是36％（1992年7月調查；勞動部勞政局編著，《最新勞動協約的實態》（平成5年編輯版），勞務行政研究所出版，1994年，145頁）。

❸ 同上書，127–144頁。

❹ ⑴白井／花見／神代，《勞動工會讀本》（第2版），東洋經濟新報社出版，1986年，175頁；⑵李鋌，〈關於劃定團體交涉之對象範圍的法理〉，《季刊・勞動法》，No. 174，綜合勞動研究所出版，1995年5月，138頁。

❺ 白井／花見／神代，前提書，176–177頁。

❻ 勞動部勞政局編著，前提書，148–149頁。

❼ 白井／花見／神代，前提書，171–175頁。

❽ 關於春門請參考下列書。⑴小鳥健司，《春門的歷史》，青木書店，1975年；⑵上妻美章，《春門》，勞動教育中心，1976年；⑶高木郁郎，《春門

論》，勞動旬報社，1976年。

⑨ 太田薰，《春鬥的終局——低成長下的勞動運動》，中央經濟社出版，1975年。

⑩ 1991年春鬥，是以「使生活寬裕，豐富」為口號。反過來說，剛好證明了現在的日本，和歐美各國比起來，有很多人感覺「生活既不寬裕也不豐富」。

發起春鬥的原總評議長太田薰說：「現在作法只能說是春談。經濟最成長的日本，正扯著世界工人的後腿」，還有鋼鐵勞聯的最高顧問宮田義二也說：「春鬥是墨守成規，對政治和企業均無影響。」（《朝日新聞》，1991年4月2日，早報）另外在經營者方面，以日經聯為中心，和「每年一次，在國家、產業與企業的各階層中，勞資雙方有必要從廣大視野交換意見」。如上的春鬥二次評估論，占有優勢（《朝日新聞》，1991年4月4日，早報）。

⑪ 勞動部勞政局編著，前提書，23頁。

⑫ 同上書，23–26頁。

⑬ 同上書，14頁。

⑭ 勞動部勞政局編著，《最新勞動協約之實態》，勞務行政研究所出版，1989年，27–28頁。還有，所謂「包括協約」是規定勞資關係的一般基本事項的勞動協約，例如指一般性協約，基本協約，和包括協約等名稱所稱呼者。還有所謂的「個別協約」，是指和工資協定，退休金協定等個別事項有關，並與包括協約有不同簽約之勞動協約。

⑮ 關於日本勞動協約效力，可參考下列書。⑴沼田稻次郎／蓼沼健一／橫井芳弘，《勞動協約讀本》，東洋經濟報紙出版，1972年，73–86頁。⑵勞動部勞政局勞動法規課編著，《容易瞭解的勞動協約》，勞務行政研究所出版，1991年，第4章。

⑯ 關於德國勞動法的勞動協約效力，請參考Gaugura/Carderu／佐護譽／佐佐木常和，《德國的勞資關係》，中央經濟社出版，1991年，第3章。

⑰　關於超越企業的勞資協議制度，參考如下書。日本生產力本部編，《勞資協議制的新發展 —— 產業、地域、企業的現狀和成果》，日本生產力本部出版，1980年。

⑱　勞動部勞政局編著，《最新勞動協約之實態》（1979年編輯版），勞務行政研究所出版，1979年，127頁。

⑲　日本生產力本部編，《新環境下的勞資協議制》，日本生產力本部出版，1981年，19頁。

⑳　ILO: *International Labour Conventions and Recommendations 1919–1991*, Vol. I (1919–1962), Geneva 1992, p. 569.

㉑　日本生產力本部編，《尋求充實勞資協議制》，日本生產力本部出版，1990年，5頁。

㉒　勞動部長官房政策調查部編，《日本勞資溝通現狀》（1990年版），財政部印刷局出版，3頁。

㉓　關於第二次世界大戰前的日本勞資協議制度，參考下列書。⑴高宮普，《經營協議會編》，同文館出版，1948年；⑵森五郎，《經營協議會論 —— 理論和經營》，中央勞動學園出版，1948年；⑶勞動部勞政局編，《參加經營制度》，勞務行政研究所出版，1954年；⑷大河內一男，《勞資關係論之歷史性展開》，有斐閣出版，1972年；⑸木元進一郎，《勞動工會的「參加經營」》（新增訂版），森山書局出版，1986年。

㉔　1965年（昭和40年）日本代表性企業的勞資協議制度實例集出版。勞動法令協會編，《勞資協議制的實際》，勞動法令協會出版，1965年。

㉕　關於第二次世界大戰後勞資協議制度的歷史，暫時參考如下書。⑴木元進一郎，前提書；⑵坂本重雄，〈員工代表制和日本的勞資關係〉，《日本勞動法學會誌七十九期：員工代表制論》，綜合勞動研究所出版，1992年。

㉖　勞動部長官房政策調查部編，前提書，13頁。

㉗　⑴日本生產力本部編，《新環境下的勞資協議制》，日本生產力本部出版，

1981年，18頁；⑵日本生產力本部編，《尋求充實勞資協議制》，日本生產力本部出版，1990年，2頁。

㉘ 勞動部勞政局編著，《最新勞動協約的實態》，勞務行政研究所出版，1979年，129頁。

㉙ 勞動部長官房政策調查部編，前提書，14頁。

㉚ 同上書，14頁。

㉛ 同上書，14頁。

㉜ 勞動部長官房政策調查部編，前提書，14-18頁。

㉝ ⑴奧林康司，《日本的參加經營制度》；⑵佐護譽／韓義詠編著，《日韓經營企業與勞務關係的比較》，泉文堂出版，1991年，256頁。

㉞ 同上書，256頁。

㉟ 勞動部長官房政策調查部編，前提書，18頁。

㊱ 關於德國的團體交涉和勞資協議，參考下列書。⑴Gaugura/Carderu／佐護譽／佐佐木常和，《德國的勞資關係》，中央經濟社出版，1990年；⑵佐護譽，〈關於經營的共同決定⑴ ⑵〉，《商務論叢》，第二十九卷第二期、第三期，九州產業大學；⑶佐護譽，〈德國的勞動協約和經營協定〉，《經濟學研究》，第五十六卷第五、六期合併集：原田實先生還曆紀念號，九州大學。

㊲ 白井／花見／神代，《勞動工會讀本》（第二版），東洋經濟新報社出版，1986年，213-214頁。

㊳ 日本生產力本部編，《尋求充實勞資協議制》，日本生產力本部，1990年，19頁。

㊴ 勞動部勞政局編著，《最新勞動協約等之實態》，勞務行政研究所出版，1989年，135頁。

第四章　日本的工資體制
── 以職能薪和年薪制為中心

一　前　言

　　工薪制度隨國家地域不同顯出相當的差異。歐美的工資，通常是指職務相對價值，或對其困難度的工資，也就是職務薪，而相對地日本的工資，被稱為年功工資。但在型態上，近年來，日本的工資制度，已變成以職能薪為主流。由各種調查結果來看，一般認為現已由「年功主義轉變成能力主義」的想法，似逐漸站穩。因為以能力主義為主的工資，已變成針對工作能力的工資，亦即職能薪。又，從1990年左右開始，工資制度也稱為業績主義、成果主義、實績主義、實力主義，與個別主義等等。在此情況下，和職能薪一樣，重視評估業績與成果的年薪制受到注目。這種制度目前只是一部分而已，且主要以管理工作為對象引進來；但今後的引進比率可能會逐漸提高。

　　以重視職能薪和年薪制為背景，圍繞著企業與經營的環境有了劇烈變化。例如產業構造改變，勞動市場的高齡化，及高學歷化的進展（因而成本提高）；因工人意識（價值觀）之改變，多樣化，經濟的全球化，雇用型態多元化，白領階級化，縮短工作時間，日圓快速升值，特別是由1986年起，持續約四年半的泡沫經濟的崩潰（1991年

度）等而轉成低成長經濟。

　　泡沫經濟崩潰以後，過去的雇用慣例（終身雇用制與年功工資等）也崩潰；重新認識並強化以往的能力主義，及年薪制等，在週刊或月刊雜誌上時常被提起。還有，和這些問題有關聯的「新人事制度」、「人事革新」、「雇用破壞」與「工資破壞」等字眼，也常出現在各種媒體上。❶現在有關日本式的人事和雇用制度的重新認識，正在急速地進行著。

　　工資制度的改革，也可以說是基於上述環境變化的重建之一環。也就是說，各企業為了應對環境變化，正在摸索和以前基本上不相同的新工資制度。

　　因此，本章舉出日本的工資制度，首先要查證第二次世界大戰後，日本的工資制度如何展開，接著希望藉統計資料和實例，來看1990年代前半期的工資制度的實際情形。藉此將日本工資制度的特色交代清楚。

二　年功俸、職務薪至職能薪及年薪制

　　日本的工資被認為是年功（順序型）工資（體系）。但是這種工資體系已經逐漸變化起來。特別在型態上看來，可這麼說。自日本經濟進入高度成長期的1950年代中期起，年資工資就被指出有矛盾，工資的合理化就成為問題。從1960年代初，作為工資合理化之方向，開始採用工作薪（包括職務薪與職能薪等）。接著於1974年，雖為暫時性，但工作薪體系卻超過了屬人薪體系和綜合薪體系。❷在型態上而言，是修正了年功俸化為一般性的工作薪。轉成工作薪初期，曾有年功工資職務薪化的嘗試，但從1960年代後半，快速地以職能薪代替職

務薪。然後進入1990年代初期，職能薪已成為支配主流。接著作為新
動向應受注目的是年薪制。關於此點，首先簡述如下：

日本職務薪的歷史，在第二次世界大戰後的1940年代後期，以
（被稱為）前近代年功工資的合理化目標，早期從美國引進職務分析
和職務評估技術為始。可是真正的檢討與引進，卻是進入1960年代以
後的事。進入高度成長期的1960年代左右，以鋼鐵和電氣為中心的產
業大戶，逐漸引進職務薪。然而從1960年代中期（昭和40年代初
期），卻很快地出現職務薪化的停滯、停止，和倒退現象，而且，急
速轉向職能薪化的傾向。

如上述1960年代後半以後的日本薪資管理，具有代表性的特色，
就是由於引進職能薪，因而進行了能力主義之工資管理。1969年日經
聯曾刊出《能力主義管理——其理論與實踐》一書，提倡「能力主義
管理」。一般認為這加速了傾向職能工資化之速度。在能力主義管理
之下，工資將變成對能力（推行職務）的工資，也就是職能薪。

進入1970年代，職能薪急速地普遍。探索引進職能薪的原委，則
知除了作為年功工資的修正政策而引進職能薪之情形外，也有從職務
薪體系轉移職能薪體系之事不斷發生。依據1990年前後所實施的各種
調查結果，知道占有工資（基本薪）體系主流的是職能薪。❸雖說是
採用職能薪體系（較一般性的說法是工作薪體系），但不一定馬上使
企業內工資結構產生變化。因為依其運用方式，也可能維持年功制型
態。而且，事實上已經照年功制來運用。❹

就能力主義化傾向而言，依據總理府每十年實施一次之「關於勤
勞意識的意識調查」（1992年7月至8月），所報告出來的調查結果如
下：❺

有關企業的雇用慣例，把比照繼續工作年數或年齡，提升工資或

地位的年功次序制，認為對企業和工人雙方是「好制度」的有28％，認為「不是好制度」的有24％，兩者意見幾乎相同。同樣問題，日本總理府在五年前，亦實施另一種調查，顯示認為「並不是好制度」的比當時增加了7分。

關於由一部分企業內實施的年功次序型，轉換以個人能力為中心的工資制度，則有65％評估為「令人喜歡的傾向」，而持反對論者有12％。其中回答「令人喜歡」的，以二十至三十歲以下男性，和二十多歲女性特別多。由此調查可以推測，能力主義的傾向，今後將會更加強烈。

在能力主義發展下，與職能薪同時，引進年薪制成為新動向。這是重視實力主義，以業績和成果評估為待遇之基礎為目標，同等作為提升中高年白領階級的活性化政策，而受到注目。關於年薪制的現狀，將在下一節中提出說明。

三　職能資格制和職能薪

從年功主義（年功待遇）到能力主義（能力待遇）的潮流中，作為人事制度基礎之職業能力資格制度及工資制度，是以以此為基準的職業能力薪為主流。關於此點，首先用各種調查資料來說明。

依勞動部1990年度調查，❻整個企業中，有資格制度的企業比率為32％，其中企業規模在一千至四千九百九十九人的，約占82％，而五千人以上者約占91％。由此可知，大企業幾乎都採用某種資格制度。又，由職業能力資格制度來看，採用、實施的企業，以企業規模觀之有18％，其中企業規模為一千至四千九百九十九人者，約占65％，在五千人以上公司約有77％。就大企業來看，便知多數都採用

職業能力資格制度。相反地，員工人數不到三百人的中小企業，其採用率則很低。

　　日本產業勞動調查所，在1994年5月至6月，曾實施了有關職業能力資格制度之調查。依其結果，且看職業能力資格制度的採用情況、採用時期及採用目的。❼

　　關於職業能力資格制度的名稱，以取用「職業能力資格制度」為最多，大約占45％，依次是「職業能力資格等級制度」約11％，「資格制度」約6％，「職業能力等級制度」是5％。至於用其他名稱者也約有21％。由此可知，有各式各樣的名稱。若由採用時期觀之，由1960年代後半起，逐漸開始引進，到1970年代，採用率提高，而到1980年代後半，很明顯地增加。

　　當時採用職業能力資格制度的企業，約有67％。而在沒有採用此制度的約33％的企業中，有56％回答預定採用。也就是說，採用職業能力資格制度的企業，如包含預定採用企業的話，將近有九成。由此可了解對此制度的關心度很高，同時採用率也正在逐漸增加（圖表4–1）。

　　據社會經濟生產力本部在1994年1月至2月間所實施的「關於轉換期人事待遇制度的問卷調查」，知道「採用職能資格制度且已實施了職務調查」的企業是41.1％，「雖採用，但未實施職務調查」的企業有44.1％。若把兩者加在一起，採用職業能力資格制度的企業有85.2％。而沒採用的企業是14.4％，可說非常少。❽

　　這樣的調查結果，顯示與上述產業勞動調查所的調查結果有相同的傾向。在日本大多數的企業，都採用職業能力資格制度。由此可說職業能力資格制度，乃是所有人事制度的核心，已成為日本人事制度的主流。

圖表4-1　引進職能資格制度及引進預定之狀況

（單位：公司，（　）內為%）

| 產業、規模 | 合　計 | 引進職能資格制度之企業 | 未引進職能資格制度之企業 | 未引進＝100 | | | 無回答 |
				引進其他資格制度之企業	預定引進職能資格制度	未預定引進職能資格制度	
調查合計	237 (100.0)	159 (67.1)	78 (32.9)	4 (5.1)	44 (56.4)	30 (38.5)	0 (0.0)
1,000人以上	78	66	12	2	6	4	0
300–999人	91	61	30	1	19	10	0
299人以下	68	32	36	1	19	16	0
製造業	119	71	48	3	24	21	0
非製造業	118	88	30	1	20	9	0

資料來源：《工資實務》，1994年8月1日～15日，No. 731，產業勞動調查所，14頁。

　　再看職業能力資格制度的引進目的，認為「在整體上修改年功人事，而加強能力主義，以提高刺激性」的約占64％。「為了明確能力主義人事基準」者是61％（可複數回答，如圖表4-2）。就此知道重視能力評估之待遇方式，至為明確。

圖表4-2　引進職能資格制度之目的

（可複數回答）（單位：公司，（　）內為％）

產業、規模	合　　計	以整體修改年功人事制，並加強能力主義，提高刺激性	為求能力主義人事基準更為明確	為積極活用公司員工能力而整理環境	為實施有計畫的員工培訓	因為相關公司已經引進	其　他	無回答
調查合計	159 (100.0)	101 (63.5)	97 (61.0)	57 (35.8)	38 (23.9)	3 (1.9)	4 (2.5)	2 (1.3)
1,000人以上	66	39	40	26	17	1	2	1
300–999人	61	39	39	22	13	1	1	0
299人以下	32	23	18	9	8	1	1	1
製造業	71	48	42	26	13	2	0	1
非製造業	88	53	55	31	25	1	4	1

資料來源：《工資實務》，1994年8月1日～15日，No. 731，產業勞動調查所，15頁。

接著來看關於職業能力資格制度的設計，大約有70％企業，採用「全公司共用一套」，而約有28％企業，是採「多種方式」（圖表4–3）。

圖表4-3　職能資格制度之設定數目

(單位：公司，（　）內為%)

產業、規模	合計	公司全體共同用一項	使用二項以上	同時兩項以上＝100				其他	無回答
				以全公司共通的職能資格為基礎，再視不同職種、職群、路線來設定不同的資格等級	視職種（事務職系、現業職系等）設定不同的資格等級	因職群（管理職、專門職、專任職等）有所不同的資格等級	因綜合職、一般職等設定不同的資格等級		
調查合計	159 (100.0)	112 (70.4)	44 (27.7)	12 (27.3)	14 (31.8)	6 (13.6)	12 (27.3)	3 (1.9)	0 (0.0)
1,000人以上	66	44	21	4	7	1	9	1	0
300–999人	61	41	18	8	4	4	2	2	0
299人以上	32	27	5	0	3	1	1	0	0
製造業	71	52	18	6	8	2	2	1	0
非製造業	88	60	26	6	6	4	10	2	0

資料來源：《工資實務》，1994年8月1日～15日，No. 731，產業勞動調查所，15頁。

圖表4-4　資格與職務的應對關係

A 型		B 型		C 型		D 型	
資格	職務	資格	職務	資格	職務	資格	職務
1	A	1	A	1	A	1	A
2	B	2	B	2	B	2	B
3	C	3	C	3	C	3	C
4	D	4	D	4	D	4	D
5	E	5	E	5	E	5	E
6	非	6	非	6	非	6	非
7	管	7	管	7	管	7	管
8	理	8	理	8	理	8	理
	職		職		職		職

(註)⑴A型（每一個人的資格大約與特定的職務有所應對）
　　⑵B型（規定範圍的資格與規定範圍的職務有所應對）
　　⑶C型（資格與職務在規定範圍內有所應對）
　　⑷D型（為各就各人職務，必要規定以上的資格）

資料來源：成果分配工資研究委員會編，《廿一世紀日本人事工資制度》，社會
　　　　　經濟生產力本部，1994年，222頁。

　　職業能力資格體系圖，因企業不同真是各式各樣（圖表4-4）。
根據社會經濟生產力本部，在1994年1月至2月所實施的問卷調查，得
知圖表4-4的A型是15％，B型是23％，C型是45％，D型是16％。❾
另圖表4-5及4-6，是表示職業能力資格體系圖的具體實例。

圖表4-5　職能資格體系(1)（食品A公司〔三千三百人〕）

▶引進制度 1980年
▶升級考選時之人事考核重點分配〔各職層〕能力40／成績、情意60

職層		職能等級	資格名稱	升級必須經驗年數（範例）						升級必需條件				
				綜合職(A)		綜合職(B)		一般職		通教	論文	面談	考試	考核
				最短	標準	最短	標準	最短	標準					
管理職層	I	14	董　　事											○
		13	部　長　職								○	○		○
	II	12	副　部　長									○		○
		11	課長職一級											
指導監督職層	I	10	課長職二級	二年以上	七年以上	四年以上	九年以上			○	○	○	①	○
	II	9	副　課　長	二年	四年	三年	六年	四年	十年	○	○	○	②	○
	III	8	股　　長	一年	二年	二年	四年	三年	十年			○		○
		7	主　　任	一年	二年	一年	二年	三年	十年					
		6	副　主　任	一年	二年	一年	二年	三年	十年	○				
實務職層	I	5	主　　務	二年	二年	二年	二年	三年	十年		○	○	③	○
		4	副　主　務	二年	二年	二年	二年	三年	八年	○				○
	II	3	股員一級	二年	二年	二年	二年	三年	八年			○		
		2	股員二級	二年	二年	二年	二年	二年	二年					
		1	股員三級	二年	二年	二年	二年	二年	二年					

(註)⑴經驗年數欄內之「標準」指依升級考核評語，連續獲得(A)等的年數。
　　⑵考試以①管理能力、②適應性、③基本知識為主要內容。
　　⑶決定初任職的經驗年數，原則上定為一年。

初任職定位	大學研究所（碩士）畢業：副主務　　大學畢業：股員一級
	專科畢業　　　　　　：股員二級　高中畢業：股員三級

資料來源：《工資實務》，1994年8月1日～15日，No. 731，產業勞動調查所，22頁。

圖表4-6　職能資格體系(2)（大阪水泥公司〔九百三十人〕）

▶引進制度
1980年
▶升級考選時
之人事考核
重點分配
〔管理職
層〕能力40
／成績60
〔指導職
層〕能力40
／成績50／
情意10
〔一般職
層〕能力40
／成績30／
情意30

資格等級	資格稱呼	與職務的應對關係	服務年數			初任定位
			最短	標準	最長	
14	參　　與	部長・支店長				
13	副　參　與	次長	4	6		
12	助理參與	課長	2	3		
11	參　　事		2	3		
10	副　參　事		2	4		
9	助理參事		2	4		
8	主　　事	作業員 股長	3	6		
7	副　主　事	組長	3	6	10	
6	助理主事		3	6	10	
5	職員一級		3	6	10	
4	職員二級		3	6	10	大學畢業
3	職員三級		3	3	5	專科,高職
2	職員四級		3	3	4	高中畢業
1	職員五級		3	3	3	中學畢業

資料來源：《工資實務》，1994年8月1日～15日，No. 731，產業勞動調查所，25頁。

　　隨著職業能力資格制度的普遍化，以此制度為基準的職能薪已成主流。關於這一點，依下面各種調查來加以探討。

　　根據雇用資訊中心1990年所做調查，有九成的企業回答：「以能力主義來運用升級，晉薪」，工資制度運用於能力主義的方針至為明顯（圖表4-7）。又據勞動部1992年的調查，知道在最近五年間改變工資體系的五成企業中，「朝重視能力方向轉變」者有八成多，而作為轉變的具體內容是，「在基本薪中，增加了視能力決定金額的比率」者有八成不到（圖表4-8）。

表4-7 依照影響工資制度之事項的工資制度變更內容

（複數回答）（單位：%）

把升級、晉薪運用於能力主義上	增加基本薪之能力要素部分	促進退休金之年金化	設定基本薪體系或薪資表（複數）	充實職務津貼	充實業績津貼	引進重點制於退休金核算中	充實有關生活的津貼	在年收入中增加年終獎金	控制退休金
86.6	67.5	39.2	32.8	31.5	19.6	16.4	16.2	9.0	8.4

資料來源：雇用資訊中心，《有關雙軌型人事管理制度下之工資制度的問卷調查》，社會經濟生產力本部，1994年，46頁。

圖表4-8 工資體系變動方向

（單位：%）

〈工資體系之變更〉	
・已變更	53.6
・尚未變更	46.4
〈變更概要〉	
・已向重視能力之方向變更	83.9
・已向重視年齡連續服務年資方向變更	2.7
・其他	13.4
〈變更的具體內容（複數回答）〉	
・在基本薪中，增加了視相關能力來決定的金額比率	78.4
・在基本薪中，增加了視相關年齡、連續服務年資來決定的金額比率	4.1
・在定期晉薪中，採取新的核定方式或增加核定比率，或將核定處理方式，向重視能力的方向加以變更	53.4
・在定期晉薪中，取消核定或減少核定比率，或將處理核定方式，向重視年齡、連續服務年資方向加以變更	0.7
・其他	18.2

資料來源：勞動部政策調查部調查（1992年2月）。（《評估及待遇制度之新設計》，社會經濟生產力本部，1994年，46頁）

　　再者，根據勞動部1994年調查，可知最近五年及往後五年對工資
體系的改變，強烈地顯示出如下方針：「減少以年齡和繼續工作來決
定的部分」，和「在定期晉薪中，擴大人事考核決定的部分」（圖表
4-9）。又就員工期望公司的人事制度與政策來看，重新考量年功工
資制（包含增加能力薪資，採用年薪制等），遠超過「維持年功工資
制」（圖表4-10）。

圖表4-9　最近五年及今後五年的工資體系之變更（複選）(n=515)

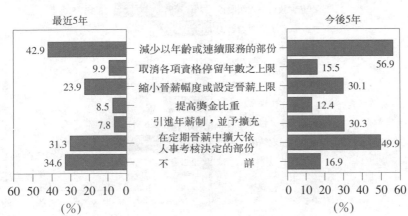

（註）實施調查期間為1994年1月中旬至2月中旬，n指回收有效數目。
資料來源：勞動部長官房調查部編，《日本雇用制度之現狀及展望》，財政部印
　　　　　刷局，1995年，183頁。

圖表4-10　對公司所期望的人事制度及對策（複選）

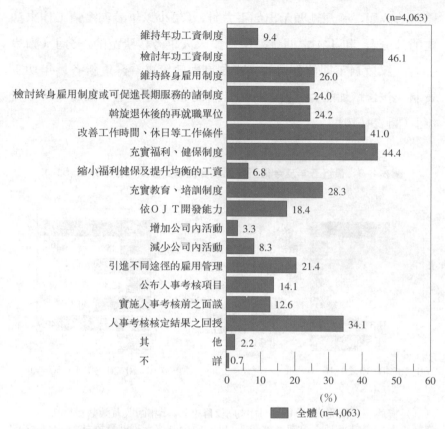

(n=4,063)

	全體 (n=4,063)
維持年功工資制度	9.4
檢討年功工資制度	46.1
維持終身雇用制度	26.0
檢討終身雇用制度或可促進長期服務的諸制度	24.0
斡旋退休後的再就職單位	24.2
改善工作時間、休日等工作條件	41.0
充實福利、健保制度	44.4
縮小福利健保及提升均衡的工資	6.8
充實教育、培訓制度	28.3
依ＯＪＴ開發能力	18.4
增加公司內活動	3.3
減少公司內活動	8.3
引進不同途徑的雇用管理	21.4
公布人事考核項目	14.1
實施人事考核前之面談	12.6
人事考核核定結果之回授	34.1
其　　　他	2.2
不　　　詳	0.7

(%)

（註）實施調查期間為1994年1月中旬至2月中旬，n指回收有效數目。
資料來源：勞動部長官房調查部編，《日本雇用制度之現狀及展望》，財政部印
　　　　　刷局，1995年，205頁。

圖表4-11　基本工資體系類型 (%)

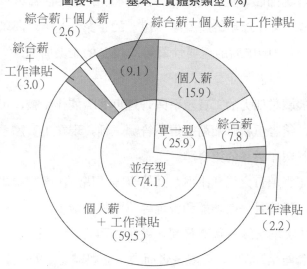

資料來源:《不同典型條件之晉薪‧分配》(1996年版)，勞動行政研究所，1996年，32頁。

　　據勞動行政研究所1995年的調查，作為基本工資體系型態，以並存型為最多，約有74％，其中「個人薪＋工作津貼」是約60％（圖表4-11）。這種型態在內容上，可以年功薪和職能薪來代表。

　　那麼，社會經濟生產力本部於1994年1月至2月所實施的「關於轉變期人事待遇制度之問卷調查」，把現在工資體系金額構成比率，區分為一般職業能力（非管理職層），和管理專門職業能力，說明如下: ❿

　　就一般職業能力而言，以「把職能薪的重要性列為第一位」的企業為40.6％，另「以年齡薪為第一位」的是44.6％，以年齡薪列為重要性第一位的企業，稍微多一點。還有「以職能薪的重要性為第二位」的企業，占有40.6％，另外，「把年齡薪列為第二位」的有27.7％。

在管理專門職業能力方面,「以職能薪的重要性為第一位」的企業有67.3%,又「以年齡薪為第一位」的企業為12.4%,以前者占壓倒性多數。「以職能薪的重要性為第二位」的企業有11.4%,又「以年齡薪為第二位」的企業是37.1%。

把一般職業能力的工資體系與管理專業職能作比較,可說前者重視年齡薪,後者重視職能薪。但不管哪一種,現在工資體系的主流,就是職能薪與年齡薪的組合體。

關於工資項目之構成比率,回答今後「構成比率將提高」的工資項目而言,不管是一般職能和管理專業職能,最多的是職能薪,均為55.9%。其次是業績薪和職務薪。就前者而言,一般職能是19.3%,管理專業職能是30.7%,而就後者而言,一般職能是9.9%,管理專業職能則為23.8%。

如上述,在能力主義傾向增強的狀況下,以職能資格制度為基礎的職能薪,已成主流至為明顯。那麼何謂職能薪?職務薪便是職務的相對價值,或對困難度所付的工資;而相對地,職能薪卻是對於推行職務能力(職能)之程度的工資。就職能薪而言,設定了職業能力等級,然後依據設定的等級來決定工資。

關於職能薪的類型和實例,因在前面曾提過了,⓫所以在本章,就與將要論述的年薪制有何關聯舉出一個實例介紹一下。

〔實例〕SUNSTAR 股份公司的工資制度⓬

成為SUNSTAR(員工人數約一千二百五十人)人事制度基礎之職能資格制度,如圖表4-12所示。圖中職能資格大致區分為業務職能、指導職能與幹部職能等三大類,資格等級分為十六級。從十級起

是屬於幹部的職能，九級為緩衝級。如屬優秀人才，可從八級直接跳
升到十級。剛畢業的大學生，將核定為中級職位第四級。升遷最快的
人，每兩年可以進級一次。

到第五級，達到一定的經驗年數，可以自動升級。但是除此以外
的同一資格內的進級，如未獲規定以上的評估，是不可能進級的。

圖表4-12　職能資格制度之架構(SUNSTAR)

職能	資格	等級	推行職務水準
幹部職能	理　事	16級	輔助經營業務
	參　與	15級	上級管理、專司業務
		14級	
	參　事	13級	中級管理、管理業務
		12級	
	副參事	11級	初級管理、專司業務
		10級	
指導職能	主　事	9級	企劃、監督業務
		8級	
	上級職	7級	應用、指導業務
		6級	
業務職能	中級職	5級	熟練判斷業務
		4級	定型判斷業務
	初級職	3級	定型業務　←大學畢業
		2級	定型輔助業務　←專科畢業
	助理職	1級	輔助、見習業務

資料來源：《工資實務》，1993年10月1日，No. 712，產業勞動調查所，29頁。

按照職能資格制度，設定工資制度。工資制度分為兩種，對一般公司職員，適用職能薪（指並用型職能薪），而對於幹部級職員，則適用年薪制（部分年薪制）（圖表4–13）。

圖表4–13　SUNSTAR 的工資體系

一般職員		公司幹部	
基準以內之薪俸	基本薪 　職能薪 　本俸（年齡相對薪）	年俸收入	職能薪
			業績薪 　（因業績而變動）
	各津貼 　職群津貼 　職位津貼（工廠的股長、班長） 　職務津貼（營業外勤津貼） 　家眷健康津貼 　地域津貼（含住宅地域之價格差異）		職位（務）津貼 　（喜慶弔喪費用） 福利津貼
基準外	通勤津貼 單身上任津貼		通勤津貼 單身上任津貼
	獎　金 （以公司業績為基礎）		業績獎金 （達成公司業績目標時）

資料來源：成果分配工資研究委員會編，《廿一世紀日本人事工資制度》，社會經濟生產力本部，1994年，137頁。

一般公司職員的基本薪，是相對於職能薪與年齡與繼續工作的本薪所構成。其中職能薪和本薪的比率，在低資格等級而言，是二比八，然後隨著資格提高，職能薪的比率也增加，將變成為六比四的比率。

當達到副參事十級，即適用年薪制。這種制度是在1978年時引進。年薪制的目的，是「革新公司幹部意識，並提高公司組織活動

力」。此外，年薪是由職能薪、業績薪、福利津貼，與若干職務津貼等構成。從職能薪到福利津貼稱為年薪，而把包含津貼與業績獎金的全部在內，稱為年收。其比率是職能薪占55％，業績薪35％，福利津貼8％，職務津貼為2％。

職能薪與職能資格息息相關。成為進級的基準，是由成果五成、職務能力二成、行為規範（品格）三成的份量比率做評估。在職能薪部分而言，也實行加薪制。業績薪是因公司幹部個人成果而有所變動。業績評估，則照目標管理來實施。年薪分成十二個部分，每個月支付年薪的十二分之一。

四　日本型的年薪制

1.年薪制的類型

日本所稱的年薪制，和歐美的年薪制，在內容上有很大不同。這可以說，日本的職務薪和歐美不同，但有相同含義。在日本稱為年薪制的有兩種類型：⑴總額年薪制，即為歐美型年薪制，和⑵部分年薪制，即為日本型的年薪制。❸

1.1　總額年薪制──歐美型年薪制

在歐美年薪制對象，屬管理職（公司幹部）。在這種類型之下，例如設年薪為2,000萬圓，將分成十二等分，每月支付十二分之一。這就是歐美的一般性年薪制。這類型在日本雖適用於重要職員（董事），但對管理職位和一般公司職員的適用例卻很少。日本除了分成十二等分，每個月支付定額方式外，還有分成十七份，而把相當於十二份的部分按月支付，並將剩下的五份，作為獎金，分兩次支付

的方式。

1.2 部分年薪制——日本型年薪制

　　所謂部分年薪制，是指把獎金部分，分成為工資體系的業績薪部分，及職能薪部分中之任何一個，或是將以上做複數組合，設定成為年薪的方式。這種類型是日本目前的主流。部分年薪制內容，因引進企業的不同，有相當的差距。現在所引進的日本年薪制，幾乎是以管理職位為對象，但也有以特別人員（例如專業職、研究職、與外國人員工等）為對象的。

　　還有，把以往的薪資（月薪）和獎金的合計額，作為一年收入管理的年收入管理方式（年收管理制度），有時稱為年薪制。

圖表4–14　人人希望的年薪制 (%)

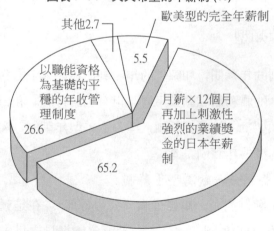

資料來源：《勞動時報別刊：廿一世紀人事管理座標軸》，勞動行政研究所，1994年，133頁。

圖表4-15 年薪制中可望的核定幅度上下限比率及金額

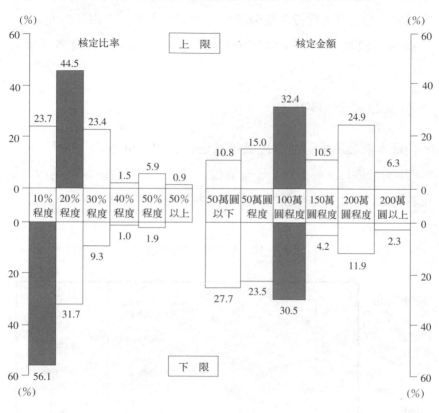

（註）回答者之年薪水準以「1200萬～1300萬程度」與「800萬～900萬程度」
　　　居多。

資料來源：勞動行政研究所，《年薪制有關的管理者意識問卷調查》，1994年3
　　　　　月；日經聯經濟調查部編，《春季勞資交涉手冊》(1995年版)，日經
　　　　　聯簡報部，1995年，160頁。

　　而實際上，關於適用年薪制的管理職位，據勞動行政研究所所實
施的「對年薪制所做管理職意識問卷調查」（1993年12月至1994年12
月），一般人所希望的年薪制，正如圖表4-14所示。其中支持日本型
年薪制，而回答「喜歡歐美型年薪制」的人，只不過是5.5％。

又，據年薪制業績考核部分之該研究所調查結果，得知作為最好的核定尺度，認為對標準部分是「上限20％左右，下限10％左右」，換算為金額是「上下限均為100萬圓左右」水準的人最多（圖表4–15）。

2.引進年薪制狀況

日本企業最先引進管理職年薪制的公司是SONY。1969年起，SONY對於助理課長級以上管理職位，採用了年薪制。隨之從1990年左右開始，日本引進年薪制的企業相對增加起來（圖表4–16）。

圖表4–16　年薪制的引進時期

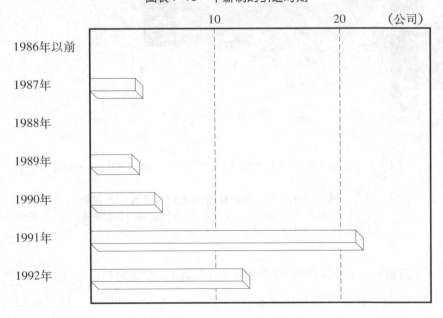

資料來源：社會經濟生產力本部之調查（楠田丘／竹內崇夫，《日本型業績年薪制手冊》，經營書院，1994年，43頁）。

圖表4-17　引進年薪制的目的（重點項目）（複數回答）

(%)

項目	百分比
目標管理、徹底業績評估	73.8
確立新工資制度以取代年功工資	58.0
強化實績主義	51.8
醞釀參與經營之意識	44.7
革新性組織風土之固定與活躍化	28.6
減少人事費（成本）	14.4
應對高齡化	11.4
調整年收與簡化管理	10.1
提升生產力（含時間長短）	7.4
應對國際化	2.7
其他	1.1

資料來源：《勞動時報別刊：廿一世紀人事管理座標軸》，勞動行政研究所，1994年，105頁。

　　據社會經濟生產力本部，在1992年所實施的「有關年薪制之調查」，知道對於正式員工引進年薪制的理由，以「業績評估明確化」占80.0％最多。「強化實際業績與能力主義」是76.7％，還有「強化參與籌劃經營意識」等。❹而依實際適用年薪制之管理職位，據勞動行政研究所實施的「關於年薪制的管理意識問卷調查」（1993年12月至1994年1月），得知引進年薪制之目的如圖表4-17所示，顯示與社會經濟生產力本部所調查的結果大致相同。那麼日本的年薪制，被採用的程度到底是如何呢？

　　據社會經濟生產力本部（舊稱日本生產力本部），於1992年10月所實施的問卷調查，已經引進年薪制之企業的比率是10.4％，雖然比

率尚低，但若包括將來預定引進的企業在內，比率則達40.1％。現在
引進的年薪制，主要是以管理職為對象，而在上面調查中亦提到，已
採用年薪制的企業中，回答適用於管理職的比率是83.3％。 ❻

　　根據日經聯與關東經協在1994年所做「實施晉薪、加薪狀況調
查」，引進年薪制企業是14.4％（91年：10.4％，92年：14.6％，93
年：13.3％），再看其適用對象，管理職是53.3％（包括全部員工或一
部分），其次33.3％是屬特定部門。對於「全部員工」適用年薪制的
企業僅有4.0％。 ❼ 至於，表示適用不同對象的引進年薪制的企業情
形如圖表4–18。

　　據勞動行政研究所在1995年9月至12月所實施的調查，引進年薪
制的企業占22.5％。 ❼

圖表4–18　引進適用不同對象之年薪制企業

管理職	公司職員	特定職員	特約職員
SONY 藤澤藥品 東京瓦斯 SECOM 福武書局 良美 日井 日本信販 Blue tip stamp 大日本隔板 大福 日本碍子 SUNSTAR 住友金屬 臺糖纖維 本田技研 長谷工公司	科技加 東邦建設 Footwork Comsystem 喜久屋 三井物產數位 日本I.B.M. Delcomputer	菱屋 西尾 Lentall 本田技術研究所	倉紡 丸井 西武百貨 日興證券 住友信託 高島屋 三井不動產 SONY 三菱汽車工業 豐田汽車

東京銀行			
博報堂			
日本油脂			
富士通			

資料來源：瀧澤算織，《年薪制工資的新發展》，經營書院，1994年，47頁。

　　上述三種調查均顯示出超過10％的數值，但比起這些，在同一時期的調查中顯示較低數值的也有。據接受勞動部委託之雇用資訊中心於1993年10月所實施調查，「已引進」年薪制企業是5.5％，「檢討引進中」的企業是13.1％，而「目前不考慮引進」的有69.5％。 ❶ 又，據勞動部把員工三十人以上企業的大約五千家作對象，於1994年12月實施的調查，以企業規模論有4.3％的企業，其企業規模在一千人以上有7.9％企業引進了年薪制，而其適用對象如下。 ❶ 即管理職位：80.0％，專業職：22.8％，營業職：18.3％，研究職：11.5％，事務職：7.9％，其他：7.0％（可複數回答）。

　　成為調查對象的企業職種，或因企業規模等不同而其調查結果產生差異，這是理所當然，要正確把握實際情況很難。但從上面四種調查，可以推測有10％左右或10％以下的企業，已經引進了年薪制。

　　現在由此再看一下，有關今後工資制度應有的樣子所做的兩種調查之結果。

　　依日經聯與關東經協在1994年所實施把重點放在大企業的調查，得知有97％的企業回答，應重新考量年功次序工資，而關於基本工資，認為管理職和專業職轉為年薪制，而一般職轉變成重視職能薪的企業居多。 ❷

　　社會經濟生產力本部於1994年1月至2月所實施的問卷調查，顯示作為今後編製管理職（課長職以上）工資方針，回答「以職能薪體系

編成，保持一般職開始的一貫性」的企業是33.7％，又「以職能薪為基礎，加上任務薪（職務薪）的企業」有34.2％，「轉變成年薪制」企業有16.3％，「以任務薪（職務薪）為主加以編成」的企業有9.9％，至於「其他」是5.9％。在「轉成年薪制」的企業中，以「課長以上」作為適用對象的企業占51.6％。另外「部長以上」的企業有48.4％，大約占有一半比率。㉑

如上所述，近年來在日本，從決定基準不明確的屬人薪體系，或綜合薪體系，至重視職務或職能的工資薪體系（特別是職能薪體系），甚至轉為年薪制傾向者，至少在型態上被認為至為明顯。

《朝日新聞》在1996年3月28日之早報上，以「正擴大中的年薪制」為標題，報導「重視工作結果的『成果主義』，已成為工資體系的主流。日本泡沫經濟崩潰，使人重新檢討工資問題，原為典型的成果主義之『年薪制』，正以管理職和專業職為對象被引進。同時對於一般公司職員，也明顯出現廢除年功薪，或減輕其比重的動向」。

而且，受到勞動部委託之「雇用資訊中心：關於今後工資制度的狀況研究會」於1994年7月所做報告（〔提升白領階級生產力和工資制度的狀況研究報告〕），也提議(1)確立職能等級制度；(2)確立職能體系，及修正年功工資曲線；(3)引進任務與業績薪，亦即年薪制等；㉒看來今後可預期，引進職能薪和年薪制的傾向逐漸會有增強之勢。

特別關於年薪制，歐美管理職工資，一般是採用年薪制。由此可推測，在國際化，全球化，和多國籍化之發展下，在日本本制度也會慢慢普及。更可以說，日本企業的橫列意識，很有可能加速引進年薪制。

3.年薪制實例

日本的年薪制具有相當大的幅度。㉓茲將介紹其具體實例。

3.1 以管理職為對象的年薪制

日本所引進的年薪制，大多是以管理職為對象的部分年薪制。而總額年薪制比例較少。本章首先以少數總額年薪制為實例，然後接著要看壓倒性多數的部分年薪制實例。

〔實例一〕　長谷工公司的年薪制㉔（總額年薪制）

長谷工集團（員工數：約三千人），在1988年4月，把公司全體成員一元化，統一集團內人事待遇。而於1992年6月，以所有幹部員工（職能資格在「參事」以上）為對象，引進了總額年薪制。

長谷工集團從過去以來，就推行以職能資格制度為中心的能力主義。近年來為了應對事業環境激烈演變，實踐了把能力主義，朝向更具體的積極行動的水準，即：「能力、工作與實績主義」。也就是說，對有關工資制度而言，在同集團根據能力主義提出所謂：「排除與生活相關的屬於人及個別要素，而把能力、工作及實績，反映至工資上」的薪資想法。

長谷工公司以前的工資，是由相當於基本工資的「定期薪」，和「各種津貼」所構成（圖表4–19）。其中定期薪是由(1)應對於員工年齡的「基礎薪」，(2)應對於員工職能資格的「職能資格薪」，及(3)把人事考核反映在每個人身上的「職能加薪」所構成。在此「基本薪」是運用年功部分，而「職能資格薪」和「職能加薪」，則是把能力主義具體化的部分。

　　如上所述，長谷工集團的工資體系，從過去以來，就有極強的能力主義色彩。但也有部分的年功要素存在。1992年所引進的年薪制，對於幹部員工待遇，即完全如上述的年功部分。

　　在引進年薪制時，現行的工資體系的構成要素，已成一元化，而年薪的構成要素，只剩下兩個要素（圖表4-19）。亦即(1)本薪：本來之年薪部分。以「年薪額─評定薪」計算，至於下年度年薪不會低於此金額。(2)評定薪：這是指據事業體實績，與個人業績等來增減的部分。全部員工定額在100萬圓。

　　由於如上述年薪制的引進，由各種不同要素所決定的工資細節和諸津貼，完全被廢除，業績直接被反映在年薪額上。

　　個人評估是依照「CBO評定」（Courageous By Objectives＝由目標產生動機）。有關它的具體評估項目，和重要性說明如下，就是「實際業績」占80％，另「戰略」、「培育」及「自我開發」之三要素，合計為20％。

　　改敘年薪是在每年的6月1日實施。成為評估對象期間，和決算期間相同，從去年4月到3月為止，所決定年薪其相當額的十八分之一，於每月支付（月薪），另以相當額的十八分之六，作為獎金，分夏冬兩季支付。

　　作為總額年薪制的實例，另舉良美公司的年薪制為例說明（參考圖表4-20）。

圖表4-19　年薪制的結構（長谷工集團）

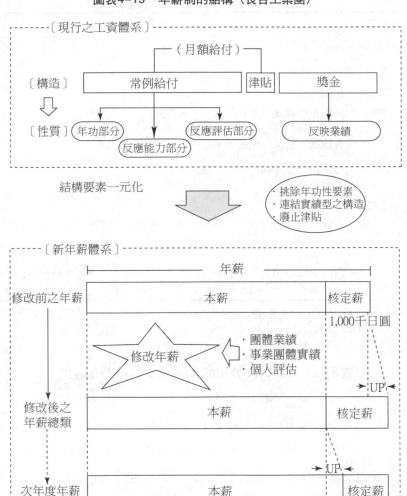

圖表4–20　良美公司的年薪制

公司名稱	良　　　　美
引進時期	1989年5月試行，1990年5月正式引進
適用對象	課長以上的任職者
年薪的結構	·年薪一項 ※針對不同職務（位）設定三十級的年薪表 年薪升、降的限度限至八個等級（±10–15％） 家眷津貼、地域津貼是另外支付
年薪支付方式	(1)每月給付＝年薪的十七分之一＋津貼 (2)支付獎金時期＝一年兩次，年薪的十七分之二點五
評估業績方法	(1)評估項目 　工作成果、指導培訓、經營意識、創造力、磋商、公關能力、管理、統率能力。配分之重點因職務·職位有所不同。 (2)評估過程 　對「本期業績」「次期課題」之自我評估→第一次考核→面談→第二次考核→申請評分→決定評分→決定年薪

資料來源：楠田丘、武內崇夫，《日本型業績年薪制手冊》，經營書院，1994年，204頁。

〔實例二〕　SONY公司的年薪制❷ （部分年薪制）

　　SONY從很早開始就以脫離年功順序制為目標。其重心以1996年的「公司公募制」，1968年的「職能資格制度」，1969年的「自我申報制」，並以助理課長以上管理職為對象，而引進了「年薪制」。

　　SONY人事處理制度的基礎是「職能資格制度」，該公司在1968年引進分離職位（任務），和職能的職能資格制度，明確地打出能力主義。該公司的職能資格制度與職位構成，如圖表4–21所示。職能資格制度，是把員工分成十三個階級的待遇制度。其中一般職位有七階級，管理職則分為六階級。再把全體員工依完成職務能力，分為十

三個階級，而且不分整個公司的部門和職業種類，做橫斷式等級，由此依職能來處理，這正是職能資格制的目的。

圖表4-21　職能資格制度、職位之架構 (SONY)

〔職能資格〕		〔統轄職位〕	〔專門職位〕
管理職	幹　　部	事業總部部長	技師長
	部　　長 —推薦—		
	代部長 —推薦—	事業部長 統轄部長 副部長 次　長	主幹技師 主幹研究員 主　席
	助理部長 —面談—		
	課　　長 —推薦—	統轄課長	主任技師 主任研究員 主　查
	代課長 —推薦—		
	助理課長 —選考—		
	股　　長 —選考—		本職人員
一般職	代股長 —推薦—		
	S　5 —推薦—		
	S　4 —推薦—		
	S　3 —推薦—		
	S　2 —推薦—		
	S　1 —推薦—		
	新進職員		

資料來源：分配成果工資研究委員會編，《廿一世紀日本人事工資制度》，社會經濟生產力本部，1994年，141頁。

　　在SONY過去所實施的資格制度下，職位（任務）比起資格，和工資與待遇結合的傾向較強，變成阻礙了有彈性的組織營運的結果。因此，在工作任務及功能的職位上，引起應和待遇連在一起的想法，因而引進切斷職位及待遇的資格分級制度。至於，在SONY公司的許多場合，常把表示工作職位的部長、課長、股長等稱呼，作為職能資

格的稱呼使用。而且，將組織上負責人，稱為「統轄」。

在重新修正職能資格制度的第二年（1969年），SONY以管理職
（職能資格「助理課長」以上者）為對象，引進年薪制，然後在1987
年大幅修改而沿用至今（圖表4-22）。引進年薪制之目的，是「實現
應對業務實績的待遇」，重點在於打破年功型薪資制度，加以提高挑
戰精神。

圖表4-22　管理職年薪制之變遷 (SONY)

1969年	年薪基準額	

↓

1981年	年薪基準額	管理職津貼 職位津貼 專業職津貼

↓

1987年	本　薪 （前年薪基準額）	業績給付

資料來源：日經聯職務分析中心編，《新時代之管理職待遇》，日經聯簡報部，
　　　　　1994年，120頁。

SONY的年薪制結構，是「本薪（每月薪資）＋業績薪（相當於
獎金部分）」。其中本薪是包含所有津貼額加以設定，每月支付年薪的
十二分之一。另外相當於獎金的業績薪，每年分二次，於12月和6月
支付。在年薪中本薪和業績薪之比率是七比三。

本薪部分是晉升為最初管理職的助理課長階級時，和過去隨著年

功堆積起來的工資完全分開，而與年齡無關，本薪在每年7月調整（公司全體員工均自相同金額開始）。

7月的本薪調整，依能力的展現程度和達成目標程度依據目標管理評估業績，進行部長級與課長級，各有七等級的評估，由此以不同等級定額，決定一年的晉薪金額。此評估除了依目標管理的業績評估外，同時還綜合地考量個人的「專業能力」、「執行管理能力」、「設定問題能力」、「指導培育能力」及「期待程度」等來實施。一旦評估不好，有時不加薪。本薪的晉薪，是採行累積方式運作，即將升管理職時的水平再乘以每年的晉薪額。

另一方面，業績薪與每月薪資無關，而是100%連結個人評估來決定的。業績薪分為職能資格基準額，和業績評估額。前者作為廢除舊有管理職津貼的應對措施，而視職能資格設定定額，但其重要性較小。

以業績評估額為中心的業績薪，是評估每個人達成目標程度，和目標的難易度，其結構對課長級與部長級，各設有九個等級的定額。每年12月的業績薪，是依據4月至9月期間的業績評估決定，另外六個月的業績薪，則依10月至3月期間的狀況決定。在九個等級的定額中，各有相當幅度空間，同時業績薪在每個人之間的差異也相當大。

SONY公司的本薪調整，和決定業績薪中，可以發揮很大功效的，是在本人和直屬上司之間進行的所謂評量會議的磋商機會。其營運基礎是建立在目標管理的想法。而且自我目標的難易度和達成度，會直接反映到業績薪上。有關評量會議與決定業績薪，和本薪調整的整年計畫，如圖表4-23。

圖表4-23　決定年薪之整年計畫 (SONY)

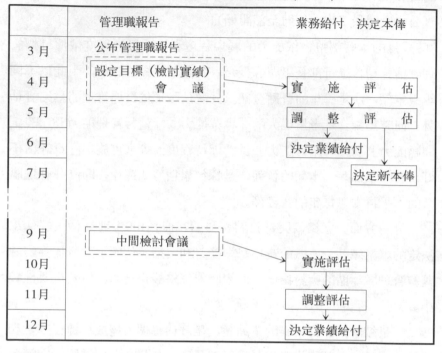

	管理職報告	業務給付　決定本俸
3 月	公布管理職報告	
4 月	設定目標（檢討實績） 會　議	實　施　評　估
5 月		調　整　評　估
6 月		決定業績給付
7 月		決定新本俸
9 月	中間檢討會議	
10 月		實施評估
11 月		調整評估
12 月		決定業績給付

資料來源：分配成果工資研究委員會編，《廿一世紀日本人事工資制度》，社會
經濟生產力本部，1994年，146頁。

〔實例三〕　本田技研工業的年薪制 ❷ （部分年薪制）

本田技研工業（以下簡稱為本田）在1992年6月，對管理職（指
課長級以上全部管理職，大約有四千五百人）引進年薪制。在汽車產
業界中是最早實施的。本田的年薪制，並不以年功和推行職務能力，
而採用依據業績與成果來決定報酬額。

於每年6月初，把年薪額通知管理職（即年薪通知書）。年薪是由
相當於以往月薪之整年合計額的「基本年薪」，和一年中相當於獎金

的「期間業績薪」所構成（圖表4–24）。前者於每月25日支付，後者則一年付兩次（6月和12月）。還有，年薪通知書，在每年6月發給每個員工，記載著此一年所推算的年薪額。定為推算金額是因為其基本年薪是已定而且固定的，但依該期間內業績，所決定的期間業績薪而言，已記載標準的平均金額在上面的緣故。

「基本年薪」是相當於以往的基準內工資（本薪、業績加薪或號薪加給），和任務津貼（職務加給），再加上住宅津貼，家族津貼等，而根據前年度評估，作為6月到隔年5月的報酬，以年額來決定，並將它分為十二等分，然後於每月25日支付。此外，上班津貼、伙食津貼、單身任職津貼等各種津貼是另外支付。

「期間業績薪」是在每一個職務等級所決定的基本額上，根據個人業績加上其業績額所構成。因此這部分，不反映具有年功要素之號薪加給，而且因為依業績加薪的幅度增大設定，所以每個人的業績評估，直接反映到支付金額上。故，如職務等級相同，而該期間的評估又相同，那麼和年齡無關，期間業績薪就成為相同金額。

圖表4–24　年薪的結構（本田技研工業公司）

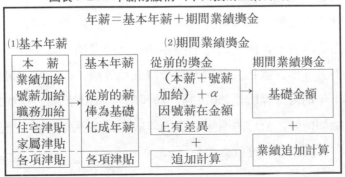

資料來源：關東經營者協會人事、工資委員會編，《人事革新之具體政策》，日經聯簡報部，1993年，335頁。

有關評估的方法如下。以往晉薪是以綜合能力，而獎金是依實際業績評估來實施，但今後則以工作完成度為中心做評估。評估是每年舉行兩次。例如從4月到9月的業績評估在10月實施，每一年度的業績評估在4月。而且在12月和6月各自反映期間業績薪外，同時對跨年（從4月至來年3月）評估，則是反映至隔年（由6月到隔年5月）的基本年薪額上。

又，本田從1994年6月起，也開始引進管理職的任期制（職務任期制）。

〔實例四〕　松下電氣公司的年薪制 ❷（部分年薪制）

松下電氣從1966年開始，全公司採用「工作類別工資」，且採取初任薪加累積工作成績的方式。但，依此方式即年功曲線會變大的「年功次序實力主義」的色彩較濃。於是，1986年減少了累積部分，企圖把絕對金額所調整部分增加三成，以強化實力主義。而且該公司從1994年夏天的獎金起，對管理職引進了「業績定額獎金制」。這可說在實質上，是相當於對管理職所引進的年薪制。

月薪方面是如過去所實行的年功次序方式來決定，但占有年收四至五成比率的獎金，則變成完全與年功分開的業績定額獎金。在此定額獎金不分「部、課長」原則上都分成五個等級，而最高和最低額差距，在半年期內部長職是150萬圓，課長職可達100萬圓。例如以往，不管成績如何好，公司內四十五歲的年收入，總不會超過五十五歲的年收入，可是依新制度就有可能了。

五　職能薪及年薪制的問題焦點

如上述，現在的日本以型態看來，以職能資格制度為基礎的職能薪已成主流。這種情形特別在大企業中對一般員工（非管理職）當可適用。此外，對於管理職，引進年薪制正在加快進行之中。那麼職能薪和年薪制，是否另有問題？在此說明一下。

在能力主義潮流中，造成職能薪體系普及的最大原因，一般認為本體系可將「工資和職務的聯繫」彈性處理，同時亦易於與年功工資互相配合。還有，職能薪體系視其運用，不受限制地，可接近於年功工資體系。

那麼，職能薪體系，就沒問題了嗎？❷依據1990年《勞動時報》調查，曾指出在圖表4–25所示職能薪的問題所在，但這些均屬網羅性質。總之，在圖表4–25所示問題焦點，是指職能資格制度中的「設定」和「運用」的問題。以運用上的問題而言，所設定的職能等級核定資格具有決定性的重要因素。在強化能力主義所左右的潮流下，加強職能資格制度，和職能薪的能力主義運用，這一點可說是最為恰當。

對完成職務能力評估與核定資格最具一般性的方法，是屬於人事考核。但要正確地把握職務完成能力，極為困難，必須確實保持公正性和客觀性。也就是說，能夠排除主觀，及任意的審核制度至為重要。因此，不只是要有明確考核基準，同時對考核者的訓練，也是不可欠缺的。現在企業界正在摸索各式各樣的新人事考核方法。❷為了使職能薪的實施成功，讓員工能夠接受之評估才是重要。在理論與邏輯上，不論如何高超及精緻，若未受員工接受就失去意義了。

圖表4-25　現行職能資格制度之問題焦點

(複選)

項　　　　目	回答比率
⑴核定的資格與實際擔任職務間之歧異	43.2%
⑵對核定資格之留職人員的增加，及留職者之士氣低落	38.7
⑶職能資格基準抽象化	31.0
⑷職能必要條件不明確	29.7
⑸高資格人員增加，與從業人員對職位之意欲根深蒂固	28.4
⑹因高資格人員之增加，人事費用增加	24.5
⑺從業人員對職能資格制度之理解不夠	24.5
⑻職能開發或教育培訓缺少關聯性	23.9
⑼偏向學歷及陷入運用年功	22.6
⑽評估制度、人事考核制度尚未整頓備用	17.4
沒有特別問題存在	9.0

資料來源：《勞動時報》，第3000期紀念特刊（1990年）（《勞動時報別刊：廿一世紀人事管理座標軸》，勞動行政研究所，1994年，215頁）。

　　作為人事考核上要嘗試的新方法，諸如：絕對考核（代替相對考核），加分主義（代替減分主義），開放考核（公開人事考核評估基準和評估結果），多面性評估（不限定只對上司的垂直評估，利用直屬上司、同事、其他部門與部屬等做多面性評估）。關於人事考核，以評估客觀性和公平性為努力目標，正在繼續嘗試發現錯誤力求解決之中。

　　提到年薪制的優缺點，也有各種意見。❸ 例如其優點而言，有「提高經營意識，依照業績的個別管理，強化實力主義，調整年收」等；反之缺點方面有「只追求眼前業績，喪失提升生產力本質，不公平的感覺，失掉連帶感，白領階級的意願下降，不重視栽培部屬，怕失敗」等，❸但年薪制的最大問題可能是有關業績與成果評估的各種

問題。若要深入此問題，可參考圖表4-26及4-27所舉出1994年1月至2月間，由社會經濟生產力本部，對企業所實施的問卷調查結果。

　　如圖表4-26所示，「可加強實力主義與能力主義之色彩」占約83％，「業績評估明確」約66％，皆顯示高數值。既然年薪制是依據被稱為實力主義、能力主義、業績主義，和成果主義等，來重視業績，及成果評估（審核）的制度，這些數值可說是當然的結果。

圖表4-26　年薪制之優點

（單位：％）

請圈選（打○號）你認為是年薪制之優點的項目。 （複數回答）	整體產業 規模合計
(1)業績評估更加明確。	65.8
(2)可加強實力主義，能力主義色彩。	83.2
(3)可提升從業各人員之工資的可能性。	27.2
(4)可加強從業人員的參加經營意識。	26.7
(5)可將工資由年功給付轉換為職務給付。	27.7
(6)可確保人事費總額之柔軟性。	17.8
(7)其他	1.5

資料來源：分配成果工資研究委員會編，《廿一世紀日本人事工資制度》，社會
　　　　　經濟生產力本部，1994年，216頁。

　　但是如上述的優點同時也成為缺點。依據圖表4-27可知，年薪制的問題焦點為：「因評估業績方法不完全，決定年薪額的業績評估頗為困難」約占86％，還有「評估者審核能力不充分，不能明確地評估業績」有55％。若把兩者加在一起，居然成為140％強。可見評估業績的諸問題所在，強烈地被指出來。又，依據1993年3月，日本生產力本部所實施調查，未引進年薪制之理由如圖表4-28所示，在此調查中，評估業績之問題以高數值出現。

圖表4-27　年薪制之問題焦點

（單位：％）

引進年薪制之際，如有問題，請以○號圈選。（複數回答）	整體產業規模合計
(1)與尊重和睦與安定之現在的組織風氣不一致。	19.3
(2)可以本來的工資制度適當切實地處理從業人員，而也不需要引進年薪制。	7.9
(3)由於對業績之評估方法不完全，決定年薪額之業績評估有困難。	86.1
(4)由於評估者之核定能力不夠充分，無法做到確實的業績評估。	55.0
(5)如加強聯繫業績與工資間之關係，管理者的行動可能有縮短之憂。	32.2
(6)難以獲得經營上層之理解。	2.0
(7)工資有降低之可能性，而難以獲得從業人員之理解。	28.7
(8)其他	4.0

資料來源：同圖表4-26。

圖表4-28　不引進年薪制之理由

（單位：％）

因為業績核定容易，而能力核定困難	67.3
因為本來的給付體系，已適切地評估從業人員	49.3
因為過分的能力主義可能降低從業人員士氣	36.6
因為工資與組織之順序有可能不一致	33.7
因為有可能減低從業人員之歸屬意識或固定比率	25.9
因為可預測從業人員或勞動工會的強烈反彈	15.6

資料來源：日本生產力本部《有關年薪制之調查》（1993年3月）（楠田丘，〈日本型年薪制之提倡〉，《工資實務》，1994年3月15日，No. 722，13頁）。

　　如上述調查結果所示，年薪制的最大問題焦點是「客觀性評估」，以致每個部門和職業種類之評估因素必須有所不同。❷在此條件下之客觀評估（明確評估基準和能被接受的評估）受到懷疑。還有，確立評估體系和其運用尚需繼續探索。若損及評估信賴感，連逐

漸急速增加引進率的年薪制，也如職務薪過去的案例，很有可能停滯或倒退。像這樣的擔憂是無法否定的。

當然對依據評估業績與成果的年薪制之普及，也會存在著被認為具有否定性作用的其他要素。那就是「集團主義」，在被稱為集團主義的日本，應會出現以個別主義為基準之年薪制是否有可能紮根的問題。而此問題與勞動者意識之變化息息相關。

根據上面所述，被稱為日本型年薪制者，目前似乎會對於年功性要素，在相當重視的運作下轉移下去。這些情形剛好與職能薪及職務薪，論年功來運用的情形相同。

六 結 語

如上述，筆者依據第二次世界大戰後的日本薪資制度的轉移過程，舉出已成為現在主流，而建立在職能資格制度下之職能薪，以及最近正在急速發展的「年薪制」，將其概念及具體的內容做了明確的說明。相信由此對日本的薪資制度，應可掌握到它的新動向。

❶ 關於這點，請參考如下：⑴〈讓上班族的生活大轉變（日本年薪制度）〉，《週刊現代》，1993年1月23日號，講談社；⑵千葉利雄／今野浩一郎，聯合綜合生活開發研究所編，《薪水衝擊——賣了能力又值多少的時代即將來臨》，讀賣新聞社，1993年3月；⑶日本經濟新聞社編，《日式的人事制結束了》，1993年11月；⑷日下公人，《人事破壞》，1994年9月，PHP研究所；⑸《週刊・東洋經濟》，1994年10月1日特刊：人事革命，東洋經濟新報社出版；⑹江坂彰／諸井薰，《雇用關係崩潰》，1994年10月，德間書店；⑺飛岡健，《薪資破壞》，1994年12月，祥傳社；⑻服部光雄，《雇用關係崩潰

與人事改革的時代》，1994年12月，產能大學出版部；⑼《日經Anthro-pos》，1995年1月號：薪資破壞，侵襲二十至三十歲的年青人，日經新聞社；⑽*VOICE*，1995年1月號專刊：雇用關係破壞的時代，PHP研究所；⑾永井隆，《「人事破壞」續集》，1995年2月，德間書店；⑿《實業的日本》，1995年3月號特刊：為戰勝薪資革命職員應有的條件，實業之日本公司；⒀《現代》，1995年5月號特刊：「薪資破壞」之衝擊，講談社；⒁〈「薪資破壞」現況〉，《現代》，1995年6月號；⒂海江田萬里，《上班族的窮途末路——薪資破壞》，1995年12月，主婦與生活公司；⒃島田晴雄，《破壞上班族》，1996年1月，中經出版；⒄〈薪資破壞：不加薪，重新檢討定期升遷，採用能力薪〉，《週刊讀賣》，1996年2月11日號。

❷ 田島司部／江口傳／佐護譽，《薪資之經營學》，Minerva書房出版，1981年，146–147頁。

❸ 佐護譽編著，《亞洲經濟圈之經營與會計》，九州大學出版會，1994年，96–100頁。

❹ 同上，90頁。

❺ 《朝日新聞》，1992年11月23日，早報。

❻ 勞動部政策調查部編，《雇用關係管理的實狀》（1990年版），勞工法令協會出版，15–21頁。

❼ 〈有關職能資格制度與晉薪、升遷的調查〉，《工資實務》，1994年8月1日～15日，No. 731，產業勞動調查所出版，5–6頁。

❽ 分配成果工資研究委員會編，《廿一世紀日本人事工資制度》，1994年，社會經濟生產力本部出版，176頁。

❾ 同上書，206頁。

❿ 同上書，182–183頁。

⓫ 參照下項。佐護譽／安春植學，《勞務管理的日韓比較》，1993年，有斐閣出版，第9章。

⑫ 關於SUNSTAR之薪資制度，請參考如下。⑴〈SUNSTAR的幹部年薪制〉，《工資實務》，1993年10月1日，No. 712，產業勞動調查所出版，28–34頁；⑵分配成果工資研究委員會編，《廿一世紀日本人事工資制度》，社會經濟生產力本部出版，1994年，132–139頁。

⑬ 關於（日式）年薪制之概念，請參考如下。⑴關東經營者協會人事與薪資委員會編，《人事改革之具體策略》，1993年，118–119頁；⑵淺川／茅野／町田等共著，《因年薪制改變公司》，日本能率協會管理中心出版，1993年，第2章；⑶瀧澤算織，《年薪制薪資的新展望》，1994年，經營書院出版，第1、3章。

⑭ 《勞動時報別刊：廿一世紀人事管理座標軸》，1994年，勞動行政研究所出版，105頁。

⑮ 經濟企通廳編，《經濟白皮書》（1994年版），大藏省印刷局出版，348頁。

⑯ 日經聯經濟調查部編，《春季勞資交涉手冊》（1995年版），日經聯簡報部出版，159頁。

⑰ 《勞動時報》，1995年1月27日，第3194號，勞動行政研究所出版，14頁。

⑱ 勞動部，〈提升白領階級之生產力與薪資制〉，《工資實務》，1994年11月1日，No. 736，產業勞動調查所出版，36頁。

⑲ 社會經濟生產力本部編，《活用勞動統計》（1996年版），社會經濟生產力本部出版，1996年，85頁。

⑳ 〈關於日本經營制度的問卷調查〉，《工資實務》，1994年9月15日，No. 733，產業勞動調查所出版，29–30頁。

㉑ 分配成果工資研究委員會編，《廿一世紀日本人事工資制度》，社會經濟生產力本部出版，1994年，184頁。

㉒ 勞動部，〈引進能力主義薪資制度之建議〉，《勞務事情》，1994年9月1日號，No. 838，產業勞動調查所出版，54–56頁。

㉓ 有關日本代表性的年薪制度實例，請參考下例。⑴〈引進年薪制之五公司

中所見制度內容及運用實情〉,《工資實務》, 1989年2月1日, No. 609, 產業勞動調查所出版, 24–27頁;(2)谷田部光一,〈年薪制的代表實例一覽〉,《工資實務》, 1994年3月15日, No. 722, 33–37頁;(3)分配成果工資研究委員會編,《廿一世紀日本人事工資制度》, 社會經濟生產力本部出版, 1994年, 132–166頁;(4)瀧澤算織,《年薪制薪資的新展望》, 經營書院出版, 1994年, 第3~6章;(5)楠田丘／武內崇夫,《日式業績年薪制手冊》, 經營書院出版, 1994年, 201–205頁;(6)楠田丘監訂,《制定日式年薪制指南》, 經營書院出版, 1994年, 129–133頁;(7)《工資實務》, 1995年1月1日~15日特刊: 逐漸引進的年薪制, No. 740, 產業勞動調查所出版, 23–46頁;(8)〈由最新引進例探索年薪制的新潮流〉,《勞動時報》, 第3226號, 1995年9月29日, 勞動行政研究所出版, 2–56頁。

㉔ 關於長谷工集團之年薪制, 請參考如下。〈長谷工集團年薪制〉,《工資實務》, 1993年1月1日~15日, No. 696, 38–43頁。

㉕ 關於SONY公司之年薪制, 請參考如下。(1)分配成果工資研究委員會編,《廿一世紀日本人事工資制度》, 社會經濟生產力本部出版, 1994年, 140–147頁;(2)日經聯職務分析中心編,《新時代的管理職待遇》, 日經聯簡報部出版, 1994年, 118–120頁;《週刊, 東洋經濟》, 1994年10月1日, 32–33頁。

㉖ 有關本田技研工業公司之年薪制, 請參考如下。關東經營者協會人事與薪資委員會編,《人事革新具體策略》, 日經聯簡報部出版, 1993年, 335–339頁。

㉗ 關於松下電器之年薪制, 請參考如下。《週刊, 東洋經濟》, 1994年10月1日, 32–33頁。

㉘ 有關職能薪資之問題焦點, 請參考如下。《勞動時報別刊: 廿一世紀人事管理座標軸》, 勞動行政研究所出版, 1994年, 202–221頁。

㉙ 日經聯經濟調查部編,《春季勞資交涉手冊》(1995年版), 日經聯簡報部出

版，139–158頁。

㉚　關於年薪制之優缺點，請參考如下。⑴同上書，126–131頁；⑵楠田丘，
〈提倡日式年薪制〉，《工資實務》，1994年3月15日，No. 722，產業勞動調
查所出版，12–14頁；⑶勞動部勞動基準局薪資時間部編，《提升白領階級
之生產力與薪資制度》，勞動基準調查會出版，1994年，105–108頁。

㉛　楠田丘，〈提倡日式年薪制〉，《工資實務》，1994年3月15日，No. 722，產業
勞動調查所出版，13頁。

㉜　業績評估（尤指目標管理的業績評估）項目，請參考如下。日經聯經濟調
查部編，《春季勞資交涉手冊》（1994年版），日經聯簡報部出版，137–142
頁。

第五章　日本的人事考核體制

一　前　言

　　人事考核和職務分析與職務評估同樣，皆為基本人事管理的技法。像這樣的人事考核，在日本從1980年起，逐漸被重視的能力主義下，尤其是泡沫經濟崩潰（1991年秋天）之後，其體制更被重新考量，而且其活用目的也更加多樣化。

　　本章即舉出以人事考核為中心的各種問題。在前半部分，要來敘述⑴用各種文獻說明人事考核概念，⑵針對美、德、日論述其歷史性的發展，⑶概觀美、德、日之人事考核的活用目的，⑷敘述人事考核方法與評估誤差。然後綜合上述內容在後半部分，討論日本的人事考核現狀和活用目的。

　　在本章以上述方式，擬將日本的人事考核的特性及人事考核在日本的人事管理上所扮演的角色交代清楚。

二　人事考核的意義和歷史

1.何謂人事考核

　　相當於人事考核之字彙，在英語、德語中，實際上有好幾個。相

當於這句話的英語來說，例如有 personnel rating, merit rating, employee rating, performance rating, efficiency rating, service rating 等。再說，也有用 evaluation, appraisal, review 來代替 rating 的（如：employee evaluation, employee appraisal, performance review 等等）。還有，以相當於人事考核之德語，則有 Personalbeurteilung, Mitarbeiterbeurteilung, (persönliche) Leistungsbeurteilung, Leistungsüberprüfung, persönliche Beurteilung, Persönlichkeitsbeurteilung, Verhaltensbeurteilung 等。此外也有以 Bewertung 代替 Beurteilung 的情形（如：Personalbewertung, Leistungsbewertung 等等）。隨著稱呼的不同，考核之目的、範圍及方法多少也會有些差異。因此，先參考人事考核的先進國家，美國及德國的人事考核概念，來說明人事考核概念。

　　首先引用美國文獻中之人事考核定義用例吧！

㈠「人事考核 (merit rating) 之目的，是對所屬組織中作業員的價值秩序，易於作好正確決定。但對於組織中各個人的價值，要做公正決定，只能夠靠多樣要素評估結果進行。有要素者，譬如像『上班』那樣高度客觀者，及有的例如像『態度』那樣屬於高度主觀者。客觀的各種要素，雖可利用該公司所持有記錄，作好正確評估，但對於主觀的各要素之嚴密的測驗手段，遺憾的是並未存在。縱然如此，假若遇到需要充分評估作業員價值的話，則一定要進行這些要素評估。」❶

㈡「評估系統 (a rating system)，是用來幫助監督或管理者，公正公平地給予從業員，做全方位的工作價值 (the all-round service value) 評估。……真正的評估系統在於對準從業員的許多優點調好焦距。」❷

㈢「評估系統在設計上要有秩序，而且客觀，還要自始至終，且能夠嚴密地評估從業人員。」❸

㈣「人事考核 (employee evaluation) 是把從業員對公司之相對價值，依據（特定期間內之）能力，執行職務，及潛在能力 (abilities, job performance and potential)等項目，來評估的主觀性過程。其評估過程之主觀性，依據具體的基準，為了評估從業人員所採用的有系統、有組織的手續，就可以大幅減少。」❹

㈤「可稱為人事考核系統 (the performance appraisal system, PAS) 的人事考核過程，可說是對於評估個人執行職務 (individual perform-ance)，對組織上的努力經常使用的專用語。」❺

　　以上各定義都很相似。若撇開小地方不談，均為對從業人員之評估；嚴格地說，就是評估從業人員之相對性價值，這便是人事考核之定義。但，以人事考核之範圍而言，在見解上尚有差異。

　　在美國開發出來的人事考核，是有明確的職務概念，及職務體系之組織概念的。具備了可展現以職務為中心的人事管理之條件作為前提，作為有效地實施人事管理之手段，擬把握作為職務執行者的從業人員之價值（相對價值）。

　　接著來看德國的人事考核，是如何被掌握的。在德國人事考核概念，雖然也有許多不同定義，但基本上應該是類似的。❻下面引用幾樣定義做說明。

㈠依據 Bloho 的定義：「人事考核 (Leistungsbewertung) 是……藉其功能對公司內所有人員，考慮其工作態度，活用可能性，及薪資支付，然後以評估職務類似方法，在一定標識下，進行評估並賦予資

格的技法」，並認為人事考核 (Leistungsbewertung)是由成果評估
(Ergebnisbewertung)，和行動評估 (Verhaltensbewertung) 所構成。
而且，後者是指評估經活用的知識和潛在性能力。❼這是屬於廣義
的人事考核概念。

㈡「所謂的人事考核 (Leistungsbeurteilung)，其定義為公司中對某位
　從業人員，在完成職務上，所能獲取總體性給付 (Leistung)，進行
　企業內評估。……評估行為之對象乃是由從業人員所帶來的給付。
　只要給付成果 (Leistungsergebnis) 屬於給付行動 (Leistungsverhalten)
　特性所規定者，前者的評估，如無法把握後者，便不可能成
　立。」❽

㈢「人事考核 (Leistungsbeurteilung) 是以給付成果及給付而言，指包
　含重要行動在內的把握給付和評估給付 (Leistungserfassung and
　Leistungsbewertung)。人事考核概念，僅限定於把握給付和評估給
　付之過程。」❾

㈣「在職務評估 (Arbeitsbewertung) 中，對於不同職務資格的定位
　是，獨立於推行職務的人，根據其相對性困難度 (relative
　Schwierigkeit) 來實施；而相對地人事考核 (Personalbeurteilung)，
　是視組織之成員，對達成組織之目的，他對現在的或未來的貢獻能
　回應其要求與期待到某程度，或是否有回應的可能性而定。」❿

㈤「人事考核 (Personalbeurteilung) 的定義，是於工作期間內，以社
　會所認知過程為基礎，經組織明確地委託之人（＝評估者），在考
　慮一定基準之下對所實施的計畫，及正式化、標準化的組織成員
　（＝人，被評估者）所做的評估。」⓫

　　在德國，也把對人（＝組織成員）之評估視為人事考核，其範圍

從「為付薪資之業績評估」，至「給付（業績）評估與行動及態度評估」，有時狹窄，有時廣泛地涵蓋著。

綜合上面敘述，把人事考核概念歸納如下：人事考核和職務分析、職務評估同樣，乃是為展開職務中心的勞務管理（人事管理）之基本手段。

若與職務分析做對比，職務分析是如同就職務收集基本資訊；人事考核是就人（＝從業人員，組織成員）來收集多方面的資訊。再者，與職務評估對比而言，職務評估是評估職務的相對價值，而人事考核是評估從業人員（擔任職務者）的相對價值。也就是說，有系統地評估從業人員之能力、業績及適合性。經由此評估，可收集從業人員的多方面資訊。

人事考核比起非正式的個人意見或評估，相對地說是客觀、公正且公平的評估。但亦無法避免主觀的成分。「人事考核在本質上畢竟屬主觀，不可能是絕對地嚴密的辦法。……由一個人來評估另一個人，並非『科學的』行為，而是『主觀的』事」，[12]而且「評估技巧在論事的性質上，以自然科學的意義上說，並不是很嚴密的東西」。[13]

2.美國和德國的人事考核

美國的人事考核，據說是擬定於19世紀中期左右。但成為有系統、定期性而用書面的人事考核辦法，廣泛地引進政府相關組織和企業上，則是在第二次世界大戰以後的事了。就美國的人事考核制度的發展概論如下：[14]

在第一次世界大戰中的1917年，美國陸軍實施史考特（W. D. Scott）所想出來的人物（對人）比較法（man-to-man rating scales or army rating scales) 來做評估。也大約在這個時期，開始了評估技術嚴密且科學的研究。此外，於1924年有圖式尺度法 (graphic scale method)，1930年有由 J. B. Probst 設計 Probst 法，然後於1935年，有由 S. H. Ordway 創始的 Ordway 法等。

　　看1925年所出刊的一本《標準人事管理概論》，其第十三章標題為：「評估尺度 (rating scale) 之發展」，說明了人事考核的意義，並解說有關圖式評估尺度法 (graphic rating scale)。❶在同書第三版（1941年），第十九章題目為：「人事考核」，內文是說：「人事考核 (merit-rating) 這類用語，在人事（關係的）文獻中尚未建立。以下的用語，就是說：service rating, personnel review, personality rating, employee appraisal, behavior rating, progress report, executive evaluation 等是當同義字，或類似用語來論述的。」❶進入1930年代以後，已有各式各樣的人事考核用語出現。

　　且說，依據 Spligeru & Deru 在1953年所做調查，已知在六百二十八家公司中，有61％採用了人事考核制度。

　　根據國際問題局 (Bureau of National Affairs)，1954年的調查，得知有31％的大企業（員工超過一千人），與35％的中小企業，對員工 (shop employees) 進行人事考核。另有52％大企業，55％中小企業，也實施了對職員 (office employees) 的評估。

　　依 NICB (National Industrial Conference Board)，在1954年所做調查，有五百零一家公司中的51％，設立了正式的人事考核制度。

　　Spligeru 從1930年以來，一直實施人事考核的定期調查研究。根據1962年他的研究報告，指出正規的人事考核法，正落實地發展起來，且在被調查公司中，約有三分之二的公司已有某些方式的人事考核制度。

　　Schusd 則在1968年，針對以刊載於*Fortune*雜誌中五百大公司為對象，作有關人事考核制度之調查，據其調查結果，得知在四百零三家公司中，有三百一十六家（占78％）已設置了正式的人事考核制度。

　　如上述，可知美國人事考核制度是從1950年代中期開始普及，至1960年末期，已廣泛地被採用。進入1970年代，人事考核更加廣泛地被採用，而到了1980年時，約有90％的企業實施了人事考核制度（圖表5–1、5–2）。

圖表5–1　業績評估體制活用情形

使　　用　　者	業績評估體制的使用比率(%)	從業人員適用比率(%)	
		事務	生產
全部使用（經全美國648家公司調查）	74～90	84	54
製造業（經全美國293家公司調查）	73	87	47
非製造業（同上）		83	53
銀行與金融機構	78		
保險	67		
批發、零售業	78		
大企業（經加州216家公司調查）	95	82	57
中小企業（同上）	84	85	52
州政府（全美國39州）	100		
市公所（全美國50個城市）	76		

（註）經各種調查所算出來的數值。調查時期約在1970年代後半段。
資料來源：Scarpello & Ledvinka, *Personnel/Human Resource Management*, 1988.
　　　　（林伸二，《活用人才之業績評估體制》，同友館，1993年，6頁）

圖表5-2　美國的人事考核實施狀況

區　　　別	被　評　估　者		
	管理職	專　　職	事務職
有體制的考核	87%	90%	87%
一年中考核次數	1.1次	1.2次	1.2次
評估者（複數回答）			
上　　　司	99%	99%	100%
人事擔任者	11	9	11
自　　　己	37	38	32
部　　　屬	2	2	2
多方面的評估	14	12	10
有考核者之訓練	58	53	50
有評估者面談	74	75	75
利用目標管理	72	67	51

資料來源：美國勞動部，*Human Resources Policies and Practices in American Firm*, 1989.（笹島芳雄，〈美國的白領階級〉，《勞政時法》，第3214號，49頁）

　　德國的人事考核，在二次大戰前也已存在，但進入1960年代才開始普遍起來，1969年時，Hesen 州的金屬產業，初次締結了有關人事考核的勞動協定。❼

3.日本的人事考核

　　在日本，第二次大戰以前，引進人事考核制度的公司極少。日本的人事考核制度在勞務管理制度中，占有重要地位，並廣泛地開始被引進的時間是於第二次世界大戰之後，特別是1950年代中期以後。

　　根據日經聯調查，人事考核制度使用比率如下。❽ 1958年：71.6%，1965年：87.1%，1971年：95.2%，1975年：96.5%。除了以上數據外，把1967年日經聯所調查結果，以圖表5-3揭示。由表中可

知，約有96％的企業，採用了人事考核制度。同時觀察其他人事管理
的各種制度實施狀況，可知「目標管理制度」占17.4％，「ZD」占
14.1％，「OJT」有54％。❶ 由此知道，人事考核制度在勞務管理的各
種制度中，占有很高的採用比率。

圖表5-3　有無人事考核制度

(1967年8月，日經聯調查)

	有	無	無記載
	％	％	％
合　　　計	95.8	3.9	0.3
製 造 業	97.7	2.3	—
礦業、建築業	100.0	—	—
金融業、商業	97.8	2.2	—
運輸、通信、電力	86.2	12.1	1.7

資料來源：日經聯職務分析中心編，《能力主義時代的人事考核》，日經聯簡報
　　　　　部，1969年，17頁。

　　如上所述，日本在1960年代後半，其人事考核已牢牢地生根了。
這是因為自1960年代後半起，在能力主義抬頭之下，日本開始強烈地
關心人事考核制度之緣故。

　　自1960年代末起，傾向能力主義之風漸強，作為評估能力的技
巧，利用人事考核，開始擴展起來。經過了70年代的二次石油危機
（1973年、1979年），進入1980年代時，以職能資格制度為中心，以
配置、異動、升職、升等、開發職能、培育、工資與獎金等作為補助
系統的綜合性人事管理體系之建立，已成為主流，同時除了重視人事
考核之角色外，利用目的也多樣化起來（圖表5-4）。

　　昭和電工（有五千名從業人員）自1953年以來，把三十年來，作
為人事制度的基本之職務階等制度，自1986年7月起，改訂為以能力

資格制為軸的新人事考核制度。此新制度的基本構想是，如圖表5–5所示，將能力資格制度，作為人事管理的基礎，力求能力之開發、培育、發揮，並由此所達成的業績評估與待遇等課題，利用不同制度，來加以補充、完成。❹

　　以職能資格制為中心的制度下，由比較人與人的相對考核，轉向與對各職能資格所設定的基準做比較的絕對考核之傾向更加明顯。圖表5–6是以圓形表示有志開發職能的人事考核（絕對考核）之例子。

圖表5–4　以職能資格制度為軸的整體人事管理體系

資料來源：日經聯職務分析中心編，《新人事考核制度之設計與活用》，日經聯
　　　　　簡報部，1989年，25頁。

圖表5-5　新人事制度之概念（昭和電工）

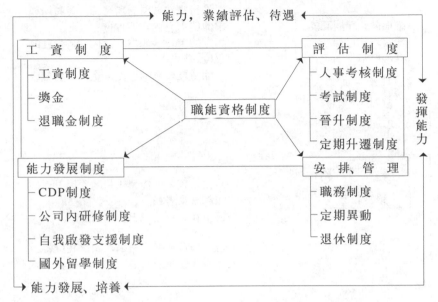

資料來源：日經聯職務分析中心，《職務研究》，第140號（日經聯職務分析中心
　　　　　編，《新人事考核制度之設計與活用》，日經聯簡報部，1989年，54
　　　　　頁）。

圖表5-6 發展職能志向考核流程

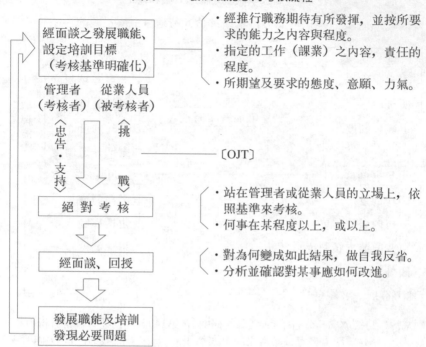

資料來源：日經聯職務分析中心編，《新人事考核制度之設計與活用》，日經聯
　　　　　簡報部，1989年，27頁。

　　進入1990年代，在泡沫經濟崩潰（1990年）以後，由年功主義轉
向能力主義的傾向越來越強。於此情況下，與根據職能資格制度為基
礎之職能給付並駕，且主要針對管理職位之年薪制受到注目（請參考
本書第四章）。在此情形下人事考核發揮了決定性的重要角色。於人
事考核辦法中，由減點主義考核，已明顯地轉變成加分主義與絕對考
核。

　　楠田丘先生以1990年代以後的人事考核為課題，提倡了以下的轉
變，即「由單純的培育方式，改變成活用培育方式，並以由單純的絕

對評估，轉變成為有挑戰意願的加分主義式絕對評估」。❷ 他還以圖表5-7，解說二次大戰後的人事考核演變流程。

又，在圖表5-8中所舉出的三菱電機的案例（1993年引進），乃屬以加分主義人事評估制度概念的代表觀點。

圖表5-7　過去的人事考核流程——培訓型之絕對考核

昭和35年	昭和45年	昭和55年	平成2年	
高度成長期	調 整 期	強化實力期	改 變 期	
			至結構性人才不足時代	
60年代	70年代	80年代	90年代	

Ⅰ期

相對考核
（年資、職等人事）　Ⅱ期

相對人才
（培育人才）　　　　　Ⅲ期
（能力主義人事）　　　　　　人才時代
（活用人才）

資料來源：《評估・待遇體制之新設計》，社會經濟生產力本部，1994年，26頁。

圖表5-8　加分主義人事評估制度之概念（三菱電機）

（背景）	（方向）	（過去的人事評估）
高度化的經營事業	高度活用知識及技術	和諧、尊重
・加速技術革新 ・全球性發展 ・市場需求之多樣化 ・發展制度化	尊重個人	為工資考核
		相 對 主 義
高度化的人事經營		
・適才適所之重要性 　增加 ・更加強技術能力 ・應對公司人員價值 　觀之多樣化 ・提升時間價值及職 　務價值 ・應對高資格化及高 　學歷化		

（今後的人事評估）

加 分 主 義	促進挑戰性	雖然多少會失敗，仍積極地評估向前挑戰的人
	重 視 培 訓	培訓能夠應對多樣化、高度化的業務，而且有創造性、革新性的人
	立足於事實	從年次、年資或相對評估轉為邁向根據事實的評估

資料來源：《評估・待遇體制之新設計》，社會經濟生產力本部，1994年，205頁。

三　人事考核的利用目的

1.美國、德國人事考核的利用目的

在組織內實施之人事考核，並非以自己為目的。它具有各種利用目的。R. C. Schmidt 曾舉出設置人事考核之理由，應包括下面所列各項。❷

⑴經評估監督者可更加認識從業人員的個別差異。

(2)評估是為理解每個從業人員的優缺點可加以利用。

(3)評估可利用於就各從業人員的優缺點彼此溝通的基礎。

(4)評估可作為訓練之基礎加以利用。

(5)評估作為能力及其達成程度的記錄有幫助。

(6)評估有助於監督者與各個從業人員的關係更加親近。

(7)評估可用於測量職務的改善。

(8)評估有助於消除監督者在瞬間所作的判斷。

(9)評估可利用於驗證訓練計畫的效果。

(10)評估有助於升等，及依人事考核決定薪資之提升。

(11)評估可利用於發現特殊的才能。

(12)評估可利用於刺激改進工作人員。

(13)評估可藉刺激經營者對公平性的信心，有可能改善從業人員的士氣（工作意願）。

(14)評估有助於經營者判斷公平性、嚴格性，及寬大之程度（監督者藉此判斷從業人員）。

(15)建檔於人事記錄簿中的評估資料，有助於部門之間的人事異動。

(16)評估對於驗證心理測驗，及其他考選辦法的價值有幫助。

根據 NICB (National Industrial Conference Board) 在1954年的調查，人事考核的主要利用目的如下，❷即(1)工資與薪資管理 (86%)、(2)晉升 (77%)、(3)使工人了解工作方法 (76%)、(4)調查(16%)。

根據前述 Schuster 在1968年的調查，人事考核的利用目的，如圖表5-9所示情形。

若出1970年代前半期所實施的各種調查算出數值觀之，為了提高報酬、業績之輔導、晉升、繼續雇用，解雇、教育與訓練等相對地顯

示了很高的比率。❷

圖表5-9　一流企業三百一十六家的人事考核利用目的

（調查時期：1968年12月）

利　用　目　的	回　答	
	數值	%
(1)經評估給予升給或獎金	238	75.3
(2)被評估者之諮商	278	88.0
(3)被評估者之訓練及發展計畫	270	85.4
(4)考慮被評估者之晉升	266	84.2
(5)考慮是否繼續雇用，或解雇被評估者	184	58.2
(6)促進被評估者對達成更高層次業績之動機	269	85.1
(7)改進公司的計畫	178	56.3
(8)其他	28	8.9
總　　計	316	

資料來源：　Schuster, F. E.: History and Theory of Performance Appraisal, in: M. L. Rock (ed.): *Handbook of Wage and Salary Administration*, New York 1972, p. 5–4.

圖表5-10　五百一十家的人事考核利用目的

利　用　目　的	回　答	
	數值	%
(1)根據評估決定晉薪	459	90.0
(2)從業人員的加班回授	442	86.7
(3)從業人員推行職務目標之計畫	401	78.6
(4)決定訓練人員，開發需求	352	69.0
(5)確認升級能力	346	67.8
(6)確認從業人員的特殊技能及能力	236	46.3

資料來源：　根據下列文獻製作。Peck, C. A.: *Pay and Performance: The Interaction of Compensation and Performance Appraisal*, Research Bulletin No. 155, New York 1984 (A. M. Mohrman, Jr., et al.: *Designing Performance Appraisal Systems*, San Francisco 1987, p. 6)

又，依 Peck 於1980年代初期的調查，有關人事考核的利用目的，正如圖表5-10的情況。

據1980年代前半期所實施的有關人事考核利用目的之各種調查結果算出的數值，其利用目的之順序，如圖表5-11所示。

圖表5-11 業績評估體系之用途上的順位

順位	用　　途	平均數值
(1)	管理薪資	5.85
(2)	業績資訊回授	5.67
(3)	識別個人優點與缺點	5.41
(4)	人事管理上之決議參考資料	5.15
(5)	把握個人業績之程度（明確化）	5.02
(6)	識別業績低落者	4.96
(7)	支持達成目標之一元化	4.90
(8)	決定升遷	4.80
(9)	決定是否繼續雇用	4.75
(10)	評估達成目標程度	4.72
(11)	迴避告訴	4.58
(12)	決定安排職務、調配職位	3.66
(13)	暫時解雇	3.51
(14)	確定每個人教育訓練之必要性	3.42
(15)	決定有組織的教育及訓練之必要性	2.74
(16)	提案人事計畫	2.72
(17)	強化組織結構（強化權威結構）	2.65
(18)	識別開發組織之必要性	2.63
(19)	為檢討業績評估是否妥當取得基準	2.30
(20)	評估人事管理制度	2.04

（註）由各種調查計算出來的數值。調查時期大約1980年代前半段。

資料來源：Cleveland, Murphy & Williams, Multiple Uses of Performance Apprai-
　　　　　sal: Prevalence and Correlates, in: *Journal of Applied Psychology*, 1989.
　　　　　（林伸二，《活用人才之業績評估體制》，同友館，1993年，4頁）

人事考核即使在德國，也被用於很多不同的目的上。諸如以下所列舉的。㉕就是：工資與薪資 (Leistungsentlohnung)、從業人員的輔導、開發人才、培育 (Personalförderung)、考選 (Auswahl)、配置 (Personaleinsatz)、經營內部溝通、補足資訊需求，及人事政策上的各種方案評估。

依 Grunow 於1970年代初期之調查，其結果如圖表5-12所示。

圖表5-12　人事考核之利用目的

利　用　目　的	回　答	
	數目	％
⑴只在試用期間中的評估	3	1
⑵只為決定工資或薪資之評估	6	3
⑶定期性評估	60	22
⑷晉升、升級	20	8
⑸教育、訓練	44	16
⑹只為雇用之評估	6	3
⑺不同目的的組合	85	31
⑻無特定目的	42	16
	266	100

資料來源：Grunow, D.: Personalbeurteilungssysteme, Empirische Untersuchungsergebnisse, 1972. (aus: Wibbe, J., *Leistungsbeurteilung und Lohnfindung*, München/Wien 1974, S. 14)

2.日本的人事考核利用目的

根據日經聯調查，自1950年代中期人事考核制度逐漸普及，至70年代中期的人事考核目的，具有下列特色。即「加薪、獎金分配之人事考核」占第一位，而為晉升、升等、人事安排、調動、開發能力與培養等目的而實施人事考核的公司，卻相對地少。㉖

　　依1950年代初期，到1960年前半所做的各種調查，人事考核利用目的是以提高薪資占相對較高的比率，接著就是晉升、升等與獎金（如圖表5-13）。這種情形，1966年勞工部之調查，或是1967年日經聯調查，以及1987年勞動行政研究所的調查，都顯示出大約相同的傾向（圖表5-14、5-15、5-16）。

圖表5-13　人事考核之目的

			獎　　　懲			調配適當	教育訓練開發能　力
			晉薪	晉升、升級	獎金分配		
1951年	（安藤氏）	35家		66.0	5.7	11.4	20.0
1953年	（人事院）	48家	93.7	68.7	53.2	71.0	53.2
1956年	（勞動科研究所）	63家	87.3	65.0	60.0	58.6	57.0
1957年	（勞務管理研究會）	70家	88.2	64.3	62.8	48.6	15.7
1960年	（人事院）	210家	90.5	75.2	69.5	55.7	44.3
1964年	（日本人事管理協會）	127家	97.5	87.2	64.0	67.0	54.2 (49.7)

（註）⑴表格內數字是對各目的之回答企業數目除以回答總數，並以％表示，每一企業之回答不用二個以上。

　　　⑵上表格內之記載以外（如：表揚、測定研修效果、決定整理人員次序等）的項目為目的所做回答的實例，因比率不高，予以省略。

　　　⑶據1964年調查，因分為教育訓練目的與能力開發目的二項，對後者之回答的比率表示在（　）內。

資料來源：關本昌秀，〈日本的人事考核制度之反省〉，《慶應商業論壇》，第2號（日經聯職務分析中心編，《能力主義時代之人事考核》，日經聯簡報部，1969年，20頁）。

圖表5-14　不同用途事業單位之規模及核定成績比率

（1966年調查，複選，單位：%）

規　模	晉　薪	分　配	升等、升級	決定獎金	其　他
計	90.7	26.7	57.4	82.1	6.4
5,000人以上	91.0	51.4	85.5	75.0	16.7
1,000–4,000人	94.3	92.1	81.3	69.7	6.6
500–　999人	97.3	25.8	68.1	78.5	3.1
100–　499人	90.9	25.9	59.9	82.9	8.5
30–　99人	88.9	21.5	46.2	85.5	4.2

資料來源：勞動者，《工資勞動時間制度綜合調查》（1966年）（藤本博之，〈核定成績的國際比較〉，《日本勞動協會雜誌》，No. 362, 1989年11月，32頁）。

圖表5-15　人事考核結果直接反映表

（日經聯調查，1967年8月）

	分配、異動	升遷	晉薪	獎金	培育訓練	綜合能力評估
	%	%	%	%	%	%
合　計	45.6	77.5	91.9	70.3	17.2	30.9
製造業	35.3	75.9	94.7	78.2	8.8	24.7
礦業、建築業	45.5	45.5	72.7	54.5	18.2	72.7
金融業、商業	64.0	87.6	93.3	57.3	33.7	38.2
運輸、通信、電力	48.0	72.0	84.0	70.0	16.0	30.0

資料來源：日經聯職務分析中心編，《能力主義之人事考核》，日經聯簡報部，1969年，19頁。

圖表5-16 人事考核之使用目的

(1987年調查，複選，單位：%)

規 模	晉薪	獎金	升等、升級	分派、異動	開發能力	其他	回答企業數目（家）
計	89.7	93.1	76.6	22.1	22.8	1.4	145
3,000人以上	91.3	93.5	73.9	34.8	34.8	－	46
1,000-2,999人	91.1	92.9	76.8	21.4	21.4	3.6	56
未滿1,000人	86.0	93.0	79.1	9.3	11.6	－	43

資料來源：勞動行政研究所，〈人事考核制度——詳覽其結構與運用（上）（下）〉，《勞動時報》，2853號、2854號，1987年10月16日、1987年10月23日（藤村博之，〈成績核定之國際比較〉，《日本勞動協會雜誌》，No. 362, 1989年11月，32頁）。

　　由此可知，日本在1980年代以前，可說以「加薪」、「晉升和升等」及「獎金」，作為人事考核的三大目的。但，到了1966年代，由原本年功序列（職歷）的人事管理，開始轉變成重視能力主義的人事管理傾向越強，使得人事考核之利用目的也似乎多樣化起來。

四　人事考核方法

1.考核要素和考核基準

　　同於職務評估，人事考核也以評估要素來實施。據說評估（考核）要素，高達一百種以上。❼圖表5-17是表示所有考核要素的實例。雖也有類似的概念，但可知確有很多要素被運用到。實際的人事考核，即是由這些要素中，選出特定的各種要素來考核。尚且，如果成為評估對象之從業人員種類；也就是說，職種、職位，乃至資格（包括生產職、事務職、管理職與專門職等）有異，很多時候會選擇

不同的考核要素。圖表5-18是表示，依據不同的資格，舉出不同考核要素的實例。

被選出的考核項目與要素，也會隨運用目的不同而異。圖表5-19表示，因人事考核的活用目的不同，出現考核項目及所重視的考核項目也不同。以具體例子而言，舉出圖表5-20，說明昭和電工所採用的考核項目及活用目的關係。尚且，該公司在做實際評估反應時，越達到上級資格，其業績評估的重點也越提高。❷

如上舉昭和電工案例所示，在做考核時，也會依考核項目與要素，評估其重點。圖表5-21是說明佳能株式會社（1994年時有員工二萬人），為了定期加薪與升等等所採用的基礎考核的重點表。表中依職種，考核項目和要素有不同比重的重點評估。

在日本經常把能力、業績及工作情緒（態度與意願），選為考核項目。也就是說，實施所謂的能力考核、業績考核，及工作意願考核。

圖表5-22、5-23與5-24，是表示中外製藥公司（1992年度的員工約三千八百名），所採用人事考核的體系。那是由三個考核項目（業績、能力、工作意願）所構成。而且各考核再細分成許多要素，各自下了不同定義。人事考核是組合各考核要素，對加薪、獎金、升等等做多目標的運用。

業績考核是用來考核每個人的職務、目標（實踐課題成果），及各別分擔業務之達成率（職務成果）。另外的能力考核，是把執行職務過程中所發揮的能力，區分為職務能力、對人能力和決定創造意志能力，進而再分開各要素進行考核。至於工作意願考核，是考核責任感、協調性、積極性與規律性等四要素。❷尚且，圖表5-25是表示有關該公司的人事制度的人事考核定位，和它與活用目的間的關係，

也包含與周邊制度之關聯性。

　　引進由能力、業績、工作意願的考核，所構成的人事考核體系，即舉出專門生產測景儀器的 Grafteck 公司（有四百二十名員工）的人事考核制度作為第二個具體的案例，揭示於圖表5-26。該圖明示著，人事考核的活用目的及考核項目與要素間之關係。

圖表5-17　考核要素實例

考核項目	考　核　要　素
能力考核	業務知識、職務知識、專業知識、知識、技能、技能程度、熟練度、處理能力、推行能力、實行能力、企劃能力、技巧、計畫能力、開發能力、改進能力、應用能力、企劃創造能力、企劃判斷能力、企劃計畫能力、理解能力、洞察能力、理解判斷能力、見識、見解、為人、包容能力、人性魅力、應對能力、外交能力、交涉能力、說服力、磋商能力、調整能力、判斷能力、果斷性、先見性、領導能力、統率能力、指導能力、統率指導能力、指導感化能力、管理能力、業務管理能力、評估能力、人事管理能力、表達能力、傳達能力、溝通能力、精神耐久力
情感考核	協調性、積極性、責任性、責任感、使命感、紀律性、紀律禮儀、原價意識、利益意識、問題意識、自我啟發努力、團體合作、主動性、行動能力、勤務情形、報、連、相
業績考核	正確性、迅速性、勤勉性、指導培育、達成業務目標程度、業務內容改進程度、各部門合作程度、工作量、工作品質、工作成果、工作改進、工作效率、工作成績、課題成果、職務成果、營業成果、安全程度

資料來源：笹島芳雄，《解脫年資工資時代的人事考核之想法與作業》，日本實業出版社，1995年，101頁。

圖表5-18 因資格而異的考核要素實例（D工廠）

考核種類		說明	要素（考核項目）		
			一般人員	管理職務	專業職務
能力考核	時間考核	評估在某一時間內發揮能力之程度	職務知識 判斷能力 創造能力 （限研究開發） 企劃推動能力 熟練的技術 （限實際職務） 磋商能力 指導能力	知識 果斷性 （限上級職位） 判斷能力 （限一般人員） 構想能力 磋商能力 領導能力	知識 判斷能力 企劃推動力 磋商能力 管理能力
態度考核		評估在一定期間中處理工作態度或工作方式等	紀律性 積極性 協調性 責任感	責任感 挑戰意願 協調性	責任感 挑戰意願 協調性
業績考核	期間考核	評估一定期間內的工作成果及工作成績等	工作量 工作品質	方針、計畫 組織 體系化 調整、統制 管理部屬 呈報意見 （限上級職位） 輔助管理 （限一般人員） 重點課題成果	企劃 調整 體系化 輔助管理 重點課題成果

資料來源：松田憲二，《精選・人事考核規定與訂定》，產業勞動調查所，1983年，338頁。

圖表5–19　人事考核結構與活用目的間之關係

考 核	觀 點	活 用 目 的				
		分配、調動	開發職能、培訓	升級	晉薪	獎金
能力考核	何事能做到什麼程度	◎	◎	◎		
業績考核	把何事做到什麼程度	○	○	○	◎	◎
態度考核 意願	採取什麼態度、意願， 是否盡力而為	○		○	◎	◎

(註) 1.◎＝重點性　○＝輔助性
　　　2.重點性，輔助性之區別因階級而異。
資料來源：日經聯職務分析中心編，《新人事考核制度之設計與活用》，日經聯
　　　　　簡報部，1989年，30頁。

圖表5–20　人事考核之結構與活用目的（昭和電工）

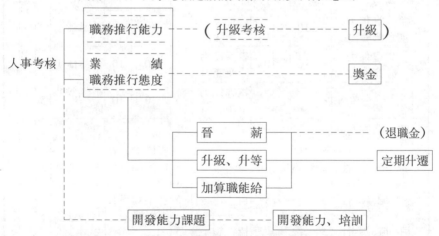

資料來源：日經聯職務分析中心，《職務研究》，第140號（日經聯職務分析中心
　　　　　編，《新人事考核制度之設計與活用》，日經聯簡報部，1989，56
　　　　　頁）

圖表5-21　基礎考核之定期晉薪、升級人事考核重點表（佳能公司）

		S職—D職				專業職、輔職				主任技師以上			
		評估要素	定期晉薪	一般升級	專業職考試	評估要素	定期晉薪	專業職考試	輔職考試	評估要素	定期晉薪	升級	升等
達成責任程度		工作成果	50	0	30	工作成果	50	30	30	工作成果	50	依據升級基準綜合評估	依據升等基準綜合評估
		–	–	–	–	–	–	–	–	培訓人才	15		
發揮推行職務能力	知識	推行職務上必要的知識	5	35	20	推行職務上必要的知識	5	20	15	–	–		
		基礎能力	10	35	20	基礎能力	5	20	15	–	–		
	推行職務能力	理解力、判斷力	5	10	10	理解力、判斷力	5	10	10	果斷能力	5		
		改進能力、企劃能力	5	10	10	改進能力、企劃能力	5	10	10	改革能力	5		
		表達能力、磋商能力	5	10	10	表達能力、磋商能力	5	10	10	調整能力	5		
		–				指導能力、培訓能力	5	10	10	組織統率能力	5		
自覺自動自治意識	自覺	責任感	5	原則上，在意識項目中評分C°以下者不列為升級候選人		責任感	5	原則上，在意識項目中評分C°以下者不列為升級候選人		責任感	5		
	自動	積極性	5			挑戰性	5			興業意識	5		
	自治	紀律性	5			自律性	5			共同意識	5		
		協調性	5			協調性	5						

其他考核回授方法　基礎考核A: 100分，B°: 90分，B: 80分，C°: 70分，C: 60分。

「定期晉薪、升級考試」　在定期晉薪核定時表示成績分數。

「一般升級」　表示綜合評估85分以上（在意識項目中C°以下無）……△

85分以上（在意識項目中C°以上者有）……×

84分以下……×

資料來源：分配成果工資研究委員會編，《廿一世紀日本人事工資制度》，社會
　　　　　經濟生產力本部，1994年，99頁。

圖表5-22　業績考核體系（中外製藥）

〈業務考核目的〉　　　　　　　〈項目內容〉

業務考核

- 課題成果：將組織目標及方針加以分類至各人水準，並以設定的期間內所完成的任務、目標之成果，分成為各人的自己創造的課題和部門共通課題（營業第一線）。
（研究職限以自己創造課題實施業績考核。又在營業第一線，設定了共同課題，並為自己創造課題的重點各占一半。）

- 職務成果：各組織所執掌的業務中，上司指派部屬擔任的固定業務上的成果。

- 營業成果：指照銷售計畫，營業第一線負責人所計算結果，能夠掌握的品質及數量的成果。

資料來源：《評估・處理順序的新設計》，社會經濟生產力本部，1994年，142
　　　　　頁。

圖表5-23　能力考核的體系（中外製藥）

〈項目〉　　〈考核要素〉　　　　　　　　　〈要素的內容〉

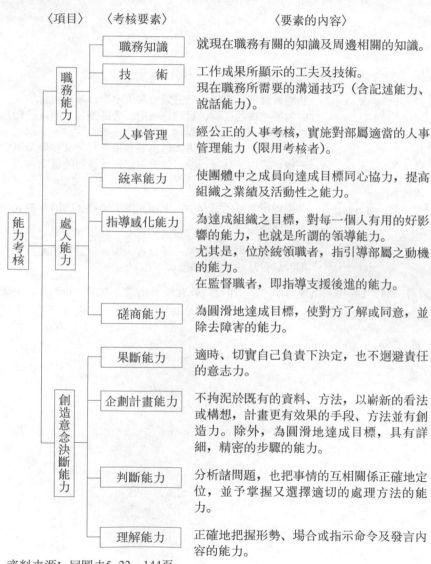

	職務知識	就現在職務有關的知識及周邊相關的知識。
職務能力	技　術	工作成果所顯示的工夫及技術。 現在職務所需要的溝通技巧（含記述能力、說話能力）。
	人事管理	經公正的人事考核，實施對部屬適當的人事管理能力（限用考核者）。
	統率能力	使團體中之成員向達成目標同心協力，提高組織之業績及活動性之能力。
處人能力	指導感化能力	為達成組織之目標，對每一個人有用的好影響的能力，也就是所謂的領導能力。 尤其是，位於統領職者，指引導部屬之動機的能力。 在監督職者，即指導支援後進的能力。
	磋商能力	為圓滑地達成目標，使對方了解或同意，並除去障礙的能力。
	果斷能力	適時、切實自己負責下決定，也不迴避責任的意志力。
創造意念決斷能力	企劃計畫能力	不拘泥於既有的資料、方法，以嶄新的看法或構想，計畫更有效果的手段、方法並有創造力。除外，為圓滑地達成目標，具有詳細，精密的步驟的能力。
	判斷能力	分析諸問題，也把事情的互相關係正確地定位，並予掌握又選擇適切的處理方法的能力。
	理解能力	正確地把握形勢、場合或指示命令及發言內容的能力。

能力考核

資料來源：同圖表5-22，144頁。

圖表5-24　情緒考核體系（中外製藥）

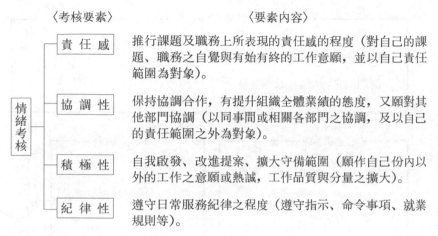

〈考核要素〉　　　　　　　　　　　〈要素內容〉

情緒考核

責任感　推行課題及職務上所表現的責任感的程度（對自己的課題、職務之自覺與有始有終的工作意願，並以自己責任範圍為對象）。

協調性　保持協調合作，有提升組織全體業績的態度，又願對其他部門協調（以同事間或相關各部門之協調，及以自己的責任範圍之外為對象）。

積極性　自我啟發、改進提案、擴大守備範圍（願作自己份內以外的工作之意願或熱誠，工作品質與分量之擴大）。

紀律性　遵守日常服務紀律之程度（遵守指示、命令事項、就業規則等）。

資料來源：同圖表5-22，144頁。

圖表5-25 人事考核之定位與活用（中外製藥）

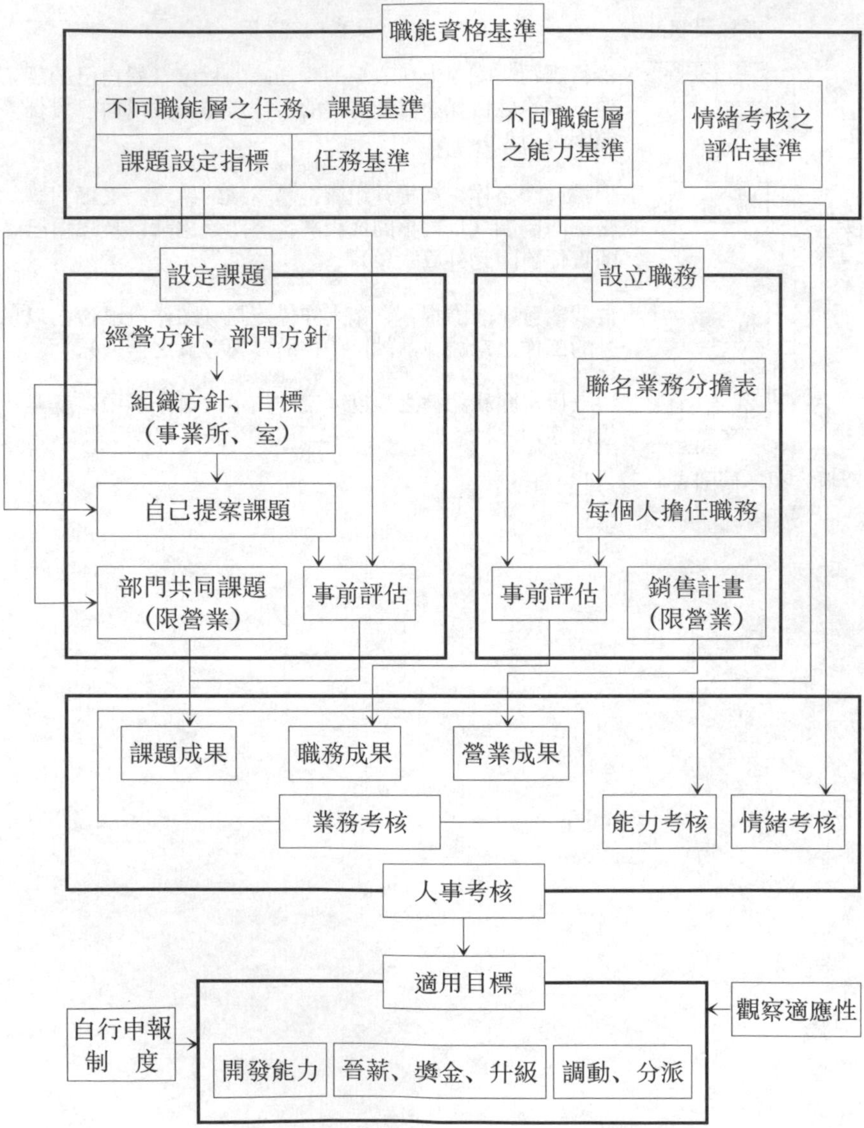

資料來源：同圖表5-22，145頁。

圖表5-26 人事考核制度概要（人事考核之基準、種類、項目、活用關聯）

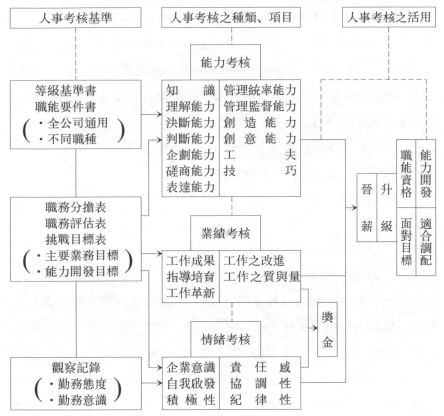

（人事考核之基準・種類・項目・活用關聯）

資料來源：日經聯職務分析中心，《職務研究》，第143號（日經聯職務分析中心編，《新人事考核制度之活用》，日經聯簡報部，1989年，130頁起）。

2.人事考核的方法

人事考核的方式迄今已設計並開發出很多種方法。基本上可從以下觀點來區分，即「總體評估或分析評估」、「依年資，或資格或對

照」、「做相對或絕對評估」與「分單一式或複合式」。❸下面舉出人事考核法之主要方式。❹

2.1 順序法（成績順位法 [ranking or ordering method]）

順序法與職務評估之順序法方式相同，是依據業績（勤務成績）之序列法。此外，尚有據綜合判斷決定順序之排列法（綜合順位法），及由選擇幾個要素加以排列順序，並綜合各要素的順序的方法（分析順位法）等等。

2.2 尺度法（評估尺度法 [rating scale method]）

⑴圖式尺度法 (graphic scale method)。

⑵評語法 (descriptive-adjective scales)〔成績評語法〕、〔人物評語法〕。

⑶人物（對人）比較法 (man-to-man comparison method)。

⑷行為樣板法 (behavior-sample method)。

在此方法下，根據某種基準（尺度），設定人為的單位，對員工的業績與能力作階梯式評估。以尺度而言，使用有數字 (0–10–20–30……80–90–100)，英文字母(A–B–C–D–E)，漢字（特優—優—良—可—劣），和評語（「普通」、「優良」、「極優」等），使用評估者所最熟悉的個人（基準人物）姓名，說明等。評估尺度法在日本也被當作主要人事考核方式，被廣泛地採用著。尤其採用圖式尺度法及評語法的最多。

依照圖式尺度法，視各項評估要素，設有階梯幅度（多用五階段）的圖形，或圖表來評估。就評語法而言，為了避免因數字、英文字母所造成的抽象性（表示評估等級的），就依不同的評估要素，作成表示評估等級的評語，然後從那些評語中，選出最適合於被評估者的。還有人物評語法，並非評估員工之能力和成績，而是藉日常在公

司中之活動，對員工的為人、氣質、工作態度與特徵等進行評估。人物評語法常和其他人事考核方式配合，做為輔助之用。再者，在此所用的評語，乃指在各階段中用於明確地表示業績，及能力程度之句子或文章而言。

2.3　執務基準法 (performance standard method)

⑴工作基準評估法。

⑵職務評估基準法。

一個職務是由好幾個工作所構成。把每個工作設定詳細執務基準（工作基準），按照此基準判定勤務成績之好壞。而執務基準，是根據職務分析對每個工作來設定。

2.4　對照比較法 (checklist method)

⑴Probst 法 (Probst method)。

⑵Ordway 法 (Ordway method)

這種方法是對推行職務的實際重要面作分析性的分類，並以句子或文章表達，然後經核對加以評估。

2.5　強制選擇法 (Forced-choice method)

普通的評估尺度法，是判定被評估者具備某特性到何等程度。而相對地，強制選擇法有下列四、五項：例如⑴接受批評，善加活用，⑵無意願做事，工作品質會下降，⑶浪費時間於無聊的工作上，及⑷對新進人員親切等問句，然後從這些短的問句中選出對被評估者「最合適」，或是「最不恰當」的敘述中的任何一項。

2.6　界限實例記述法 (critical incident method)

這種方法是從員工過去行動中，找出所謂「界限性（決定性）事件」(critical incident)，並予分類整理記錄，然後以此作基準，來判定員工的勤務成績之優劣，或能力與個性之好壞。這裡的「界限性」一

詞，是指與職務是否成功或失敗，有極限性的關聯之意。

2.7　目標管理 (management by objectives)

　　此種方法是依據預先設定好的目標，視其達成程度來評估。其目標必須是可檢證的才行。進入1990年代以後，把目標管理直接納入人事考核結構中，並作為評估手段善加活用的傾向增強。由勞務行政研究所的調查結果，來看目標管理與人事考核制度之關聯中，知道經1989年的調查，「直接反映」於人事考核者為35.7%，「間接反映」為58.1%；而相對地，1995年的調查，則有45.3%為「直接反映」，50.0%為「間接反映」。㉜

2.8　綜合評估法（多項目綜合評估法）

　　這種方式並非依據評估要素來分析評估員工價值，而是把評估要素，統一成幾個（三至四項）大項目，作成記述每個項目的業績與能力程度的短句來評估。

　　人事考核就是以前面所述某一方法，或由多種方法組合後，加以實施的。在圖表5-27，是表示人事考核流程（舉出佳能株式會社為例）。另圖表5-28，是說明包含最低限度應有的項目在內的簡易人事考核表範例。

3. 評估誤差

　　在人事考核中，各種的評估誤差，可說是一定會有，且無人可免的。它主要部分如下：㉝

3.1　Halo 效果 (Halo effect)

　　所謂 Halo 效果（光輪效果，光暈效果），是依據對於被評估者的全部或部分印象，對各人的特性給予過於偏好（高）的，或過於偏壞（低）的評估之傾向，例如對外表好看的被評估者，會被認為有責任

感、或有協調性等在其特性上受到高評價之事實，但其實這些和外表並沒關聯。又對某些特性被判定為「優秀」的員工，在其他特性上也會被認定成很優秀。相反地，若有一個明顯缺點，則其他特性的一部分或全部，會有被低估的事實。

3.2　中央化傾向之誤差 (error of central tendency)

所謂中央化（中心化）之傾向，是指各被評估者或對各種特性的評估，會傾向於「普通」，甚至集中於近中心點的尺度上。這是起因於人有自然地避開極端的評價之傾向，而且對於無法區分出有差異的被評估者之評估，就幾乎失去了評估價值。

3.3　寬大化誤差 (leniency error)

所謂寬大化傾向，是指給予被評估者比實際狀況更高的評估之傾向。在許多場合，尤其評估者實施評估的時候，如果是上司時，都會有讓被評估者的成績低於不及格分數之下的傾向。

圖表5-27　人事考核流程（佳能公司）

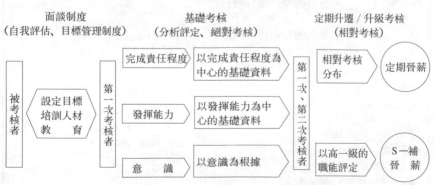

資料來源：分配成果工資研究委員會編，《廿一世紀日本人事工資制度》，社會經濟生產力本部，1994年，98頁。

圖表5-28　人事考核表範例

考核期間　年　月～　年　月				

人事考核表

所屬	姓名		資格		第二次考核者	職務	
現在年資　年　月		現在職務服務年數　年　月			第三次考核者	職務	

考核要素		評估基準（著眼點）	重量(a)	評估(b)	分數(a×b)	上司評語
能力考核	職務知識	擔任業務所需知識是否充分 相關業務知識是否充分	40	1 2 3 4 5		
	人際關係能力	與公司內外的人際磋商、交涉能力是否充分	20	1 2 3 4 5		
	實行能力	完成業務計畫的能力是否充分	20	1 2 3 4 5		
	指導能力	明示方針，是否率先致力處理工作	20	1 2 3 4 5		
情緒考核	協調性	身為成員之一是否協力 是否有意維持職務秩序	30	1 2 3 4 5		
	積極性	是否協助擔任範圍外的業務	20	1 2 3 4 5		
	責任感	做事是否有始有終 是否偷工減料	20	1 2 3 4 5		
	企業意識	是否考量所屬部門整體利益而行動	30	1 2 3 4 5		
業績考核	職務成果	是否圓滑地推行擔任業務	50	1 2 3 4 5		
	指導培訓	是否適當切實地向部屬建議 是否有意培養部屬	20	1 2 3 4 5		
	達成目標程度	達成設定目標程度是否足夠	30	1 2 3 4 5		

評估基準
1.顯著地超越基準
2.相當超出基準
3.已達基準
4.即將（幾乎）達到基準
5.相當遠離基準

綜合評估		比重(c)	分數(a×b)	(a×b×c)
	能力考核	30		
	情緒考核	20		
	業績考核	50		
	合　　計	100	—	
第二次考核者		—	—	
最　後　考核		—	—	

資料來源：笹島芳雄，《解脫年資工資時代的人事考核之想法與作業》，日本實業出版社，1995年，108頁。

3.4　邏輯上的誤差 (logical error)

　　若將評估要素區分為幾部分來評估的話，就常常發現某特性與某特性之間存在著很大的內部關聯。這樣的與 Halo 效果相似的誤差，在評估者腦海中，被認為出現在邏輯上相關特性之間的傾向，一般即稱為邏輯上的誤差。譬如「有強烈的責任感，必能有良好的紀律」，這樣的評估就是其例之一。

3.5　對比誤差 (contrast error)

　　所謂對比誤差，是指人們對他人做評估時，針對某一特性做與評估者相反評估之傾向。例如規規矩矩的評估者，即使被評估者僅是普通程度，也會將他認為他少規矩；相反地，至於不負責任的評估者，會將不很規矩的被評估者，判定為是有規矩的傾向。

3.6　恆常誤差 (constancy error)

　　所謂恆常誤差，是指在所列特性項目中，對被評估者，給予過高或過低評估之傾向。這些皆是由於各個評估者，分別引用不同評估基準的緣故。

五　日本人事考核制度的現況

1.人事考核制度的現況

　　日本人事考核制度所採用比率，在1967年已超過95％。那麼其審核方式與內容又如何？

　　根據勞動部調查（圖表5-29），公布人事考核項目的企業約占50％，而有將考核與審核結果，向工作人員（從業員）發布的企業，只有30％多而已。又，就評估方法而言，絕對評估占有約40％，相對

評估約有30％。由此可知，絕對評估有逐漸升高的趨勢。還有，採取加分主義的企業，也只有20％。

依社會經濟生產力本部調查（圖表5-30），以絕對評估來實施人事考核的企業約占58％，而以相對評估之企業約占42％。另外，有將人事考核結果，再告知當事者的企業，約占27％。這項調查也可說，與勞動部的調查顯示類似的傾向。

下面接著藉舉出兩個日本企業所引用的人事考核實例，加以闡明日本的人事考核形象。

圖表5-29　不同職業、企業規模之人事考核、評定作業（複選）

（上段：實數；下段：％）

	總數	評估人事考核項目	人事考核、核定時事先面談	人事考核、核定結果通知從業人員	人事考核論資格予絕對評估	依資格相對評估等級比率	相對評估但實際等級位於中央	人事考核以加分主義實施	不明
【全　　　體】	515	254	182	161	212	178	148	103	11
	100.0	49.3	35.3	31.3	41.2	34.6	28.7	20.0	2.1
【職　業　別】									
建築業	33	13	10	5	13	15	5	9	2
	100.0	39.4	30.3	15.2	39.4	45.5	15.2	27.3	6.1
製造業	224	107	85	77	86	81	74	46	1
	100.0	47.8	37.9	34.4	38.4	36.2	33.0	20.5	0.4
運輸、通信業	52	15	13	5	23	15	18	6	3
	100.0	28.8	25.0	9.6	44.2	28.8	34.6	11.5	5.8
批發、零售、飲食店	80	57	34	37	36	26	24	15	1
	100.0	71.3	42.5	46.3	45.0	32.5	30.3	18.8	1.3
金融、保險業	33	21	19	15	21	4	6	5	－
	100.0	63.6	57.6	45.5	63.6	12.1	18.2	15.2	－
服務業	58	28	14	13	25	21	14	15	1
	100.0	48.3	24.1	22.4	43.1	36.2	24.1	25.9	1.7
其他行業	32	12	6	9	8	14	6	7	3
	100.0	37.5	18.8	28.1	25.0	43.8	18.8	21.9	9.4

【從業人數】									
1,000–	233	112	63	74	105	72	71	42	3
1,999 人	100.0	48.1	27.0	31.8	45.1	30.9	30.5	18.0	1.3
2,000–	95	45	34	31	36	36	33	14	2
2,999 人	100.0	47.4	35.8	32.6	37.9	37.9	34.7	14.7	2.1
3,000–	84	45	37	27	38	24	23	18	3
4,999 人	100.0	53.6	44.0	32.1	45.2	28.6	27.4	21.4	3.6
5,000–	69	33	28	21	20	32	18	17	1
9,999 人	100.0	47.8	40.6	30.4	29.0	46.4	26.1	24.6	1.4
10,000人	32	18	19	7	11	14	3	12	2
以上	100.0	56.3	59.4	21.9	34.4	43.8	9.4	37.5	6.3

（註）調查對象為從業人員規模一千一百四十七人以上的企業。調查實施期間
　　為1994年1月中旬至2月中旬。
資料來源：勞動部長官房政策調查部編，《日本的雇用制度之現狀與展望》，財
　　　　　政部印刷局，1995年，196頁。

圖表5-30　人事考核制度現況

（1986年調查，單位：％）

1.有無絕對考核	計 (139家)	499人 以下	500– 999人	1,000– 4,999人	5,000人 以上
(1)實施以絕對考核之人事考核制	57.5	70.6	54.5	58.2	42.3
(2)實施以相對考核之人事考核制	41.9	26.5	45.5	41.8	57.7
(3)無回答	0.6	2.9	0.0	0.0	0.0

（1986年調查，單位：％）

2.有無人事考核之回授(A)	計 (139家)	499人 以下	500– 999人	1,000– 4,999人	5,000人 以上
(1)實施目標面談及培訓面談，藉以回授考核結果，同時明示開發能力之目標	26.9	23.5	30.3	28.4	23.1
(2)實施面談以利能力之開發，但並不把考核結果通知本人	31.9	23.5	27.3	31.3	50.0

(3)並不面談，但考核結果設法讓本人知道	5.0	5.9	3.0	6.0	3.8
(4)只要本人有所申請，即可通知本人	8.1	20.6	12.1	3.0	0.0
(5)考核結果並不通知本人	21.3	14.7	24.2	25.4	15.4
(6)其他	6.3	8.8	3.0	6.0	7.7
(7)無回答	0.6	2.9	0.0	0.0	0.0

(1991年調查，單位：%)

3.有無人事考核之回授(B)	190家	製　造　業			非製造業		
		計	999人以下	1,000人以上	計	999人以下	1,000人以上
(1)培訓面談時將第一次考核者之考核結果通知本人	14.7	15.3	10.3	18.1	13.9	14.3	13.7
(2)培訓面談後通知本人同時，依照個人希望把最後考核結果通知本人	28.9	29.7	33.3	27.8	27.8	25.0	29.4
(3)並不通知考核結果	37.4	37.8	41.0	36.1	36.7	39.3	35.3
(4)其他	14.7	12.6	10.3	13.9	17.7	21.4	15.7
(5)無回答	4.3	4.6	5.1	4.1	3.9	－	5.9

資料來源：社會經濟生產力本部工資管理工會〈有關工資待遇制度之意見調查〉，《評估‧待遇體制之新設計》，社會經濟生產力本部，1994年，40頁。

2. 人事考核制度的實例

〔實例一〕　大日本墨水化學工業公司

　　大日本墨水化學工業（至1994年的員工人數約七千二百人），為了應對經營環境改變，在1989年4月，修改新定了薪資體制，及人事評估制度。有關新定的人事評估制度概要說明如下。 ❸

　　關於人事評估制度的全體形象，如圖表5-31所示。為了使評估目的明確化，把評估體系建立成能力評估及實績評估的兩個基準，而實施時期及對象期間，則如圖表5-32所示。

　　在舊制度（圖表5-33）中，評估項目不論職別與資格均為相同，但在新制度中，對能力之評估，即採用有別於職務與資格等級所不同的評估要素（圖表5-34）。至於實績評估項目，不論綜合職務和一般職務都是共通的（圖表5-35）。評估等級雖分有三個階段，但除了重視第一次評估者的評估外，在必要的時候，也會在各評估者之間做意見調整（圖表5-36）。

圖表5–31 人事考核制度概念圖（大日本墨水化學工業公司）

資料來源：《評估·待遇體制之新設計》，社會經濟生產力本部，1994年，115頁。

圖表5-32 能力評估與實績評估要點（大日本墨水化學工業公司）

	能力評估	實績評估	
內　　容	將每一個人之能力水準經推行職務過程來評估	將每一個人所負責的職務推行實績經由在自我申報書中去挑戰程度、達成程度，及擔任職務之推行程度來評估	
實施時間	12月底	9月底	3月底
對象時間	1月～12月（全年）	4月～9月（上期）	10月～3月（下期）
運用對象	晉薪、獎金	冬季獎金	夏季獎金

資料來源：同圖表5-31，116頁。

圖表5-33 依據舊制度之評估項目（大日本墨水化學工業公司）

區別	項　目	區別	項　目	區別	項　目
勤務態度	勤勉性	能力	職務知識	實績	成　果
	紀律性		理解能力		正確性
	協調性		企劃能力		價值意識
	積極性		指導能力		創意巧思
	責任感		綜合能力		實　行

資料來源：同圖表5-31，116頁。

圖表5-34　依據新制度之能力評估項目（職務區別、憑資格分類）

（大日本墨水化學工業公司）

	綜　合　職　別		一般職別
	助理主任、助理技師—1級	2級～4級	1級～4級
評估項目	職務知識、技能	職務知識、技能	職務知識
	開發企劃能力（創意巧思）	理解、判斷能力	理解能力
	實行能力	實行能力	實行能力
	指導能力		
	實　　績	實　　績	實　　績
	綜合評估	綜合評估	綜合評估

資料來源：同圖表5-31，117頁。

圖表5-35　依據新制度之實績評估項目（綜合職別、一般職別通用）

（大日本墨水化學工業公司）

評估項目	自我申報目標	對業務目標之挑戰程度、達成程度
		對發展能力目標之挑戰程度、達成程度
	擔任業務推行程度	
	綜　合　申　報	

資料來源：同圖表5-31，117頁。

圖表5-36　評估者、評估流程（大日本墨水化學工業公司）

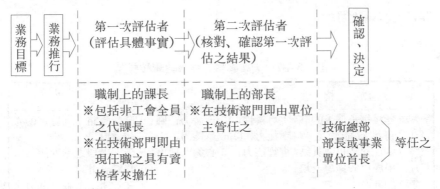

資料來源：同圖表5-31，118頁。

〔實例二〕　東京GAS公司

東京GAS（員工人數約一萬二千六百人）從1989年開始，就著手於重新對人事待遇制度做全面性檢討，且於1991年完成了全部制度。在新人事待遇制度中，包括重視業績的加分評價，設立職群單位之人事考核基準及評估，強化目標管理和人事考核的連動，以及擴大部門主管的決定權限等，在人事待遇體系中，新的人事考核制度與薪資（津貼）與獎金體系，和培育人材體系等並駕齊驅，已成為新待遇制度的一大支柱。❸

人事考核體系如圖表5-37所示，是由培養能力考核、業績考核及適性調查等三部分所構成。另圖表5-38是表示人事考核制度的概念圖。

培養能力考核是對於員工在一定時間內，對業務執行能力之程度或發揮度，做適度正當的考核，也將員工的能力特性做詳細觀察、把握，並明示其優、缺點，或應加強、改善之處，藉以將其結果，活用

於今後指導或培育開發能力上面；同時運用於職能資格的升級審核等，為其兩種目的。

圖表5-37 人事考核之結構與考核要點

結　構	考核要點	備　考
培訓能力考核 考核每一個人的職務推行能力之程度，同時也將其結果應用於指導及培訓上面	(1)專業性，(2)理解力、判斷能力，(3)改革能力，(4)實行能力，(5)心態、態度	・職能資格不同區別的考核重點 ・分四階段之絕對評估 ・無綜合評定 ・在12級以上限一部分之重點
業績考核 評估期間業績同時將其結果應用於個人的指導、培訓上面	（管理指導位以上） (1)工作成果 (2)-1 指導、培訓部屬 （部屬：有） (2)-2 發揮、提升專業性 （部屬：無） (3)改革與挑戰 （指導職位、擔任職位） (1)工作成果 (2)過程 (3)改革與挑戰	・不同職務群之考核重點 ・五個階段之絕對評估 (S, AA, A, AB, B) ・分數評定方式，不同職務配分數 ・「改革與挑戰」項加分後評估 ・考核對象期間 管理指導職以上：一年 指導職、擔任職：半年
適應性調查 把握適應性職務，性格特性，希望的職務調動等，應用於適當正確的調度，指導與培訓	(1)拿手範圍 (2)挑戰範圍 (3)具體的調動職務願望 (4)興趣、特殊技能、志願活動 (5)其他	上司的記載內容 (1)今後的調度、調動職務計畫 (2)專業性的步驟 (3)本人的性格、特性 (4)健康狀態

資料來源：日經聯職務分析中心編，《人事考核制度實例集》，日經聯簡報部，1992年，256頁。

圖表5-38　人事考核制度概念圖

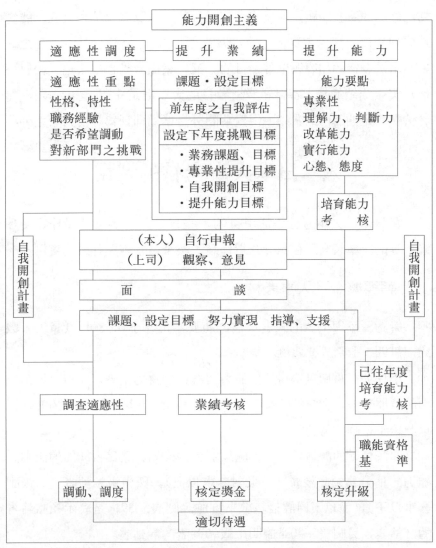

資料來源：同圖表5-37，258頁。

　　業績考核是對各人在執行日常業務所得結果之「業績」，對在期初已確認的業務課題，或目標達到何程度？以及對改革和挑戰，能實踐到何程度，皆以事實作基準，做客觀性評估（絕對評估），並把結果活用於今後的指導與培養為目的。又，業績考核也是決定（相對評估）獎金成績的基本資料。業績考核的大原則是「期間內主義」，即評估在一定期間內的業績，但對期間外之業績即列為評估對象之外。

六　日本人事考核的活用

　　在日本，人事考核之活用目的，是以晉薪、獎金及「升等與升級」等的比率較高。在此擬介紹晉薪、獎金及升等與升級的實例。

1. 晉薪與獎金及人事考核

　　針對晉薪與獎金的人事考核，將要舉出「小松公司」（員工人數約一萬四千七百人）為例。❸❻

　　小松公司貫徹以嚴格評估能力與業績的實力主義，並按照員工能力的發展程度，和業績的發揮度，給予合適、正確，又公正的評估，以此給予合理的待遇。

　　關於晉薪的評估項目，實施以能力占70%，業績占30%的比率。能力評估分為領高薪者（一級副參事以上），與中級領薪者（二級副參事以下），並以不同評估基準來實施。圖表5-39，是表示領高薪者的評估表，另圖表5-40是說明中級領薪者的評估表。

　　獎金方面的評估項目是業績100%。還有，為確實明白期間內的業績之目的，在實施評估中，採用記述方式，另對未具體記述之評估者，為重新評估起見，實施送回再評估（如圖表5-41）。

圖表5-39　晉薪評估表A（90年度，適用上級待遇者）

90年度　晉薪評估表A

【對象：董事、參事一級、參事二級、副參事一級】

被評估者	服務單位	所　屬	職　號	姓　　　名	待　遇

(1)晉薪評估

		著　　重　　點	最優 優秀 秀	尚差一 良 步	不充分
能力評估	經營觀念	(1)對經營持堅定信念及意見，處理將來問題是否能掌握，並採取最適合之任務的行動。 (2)是否以嶄新的構想與方法，革新應對外部變化之意識，並自律地進行部門結構的改革。 (3)具有超越業務種類（部門），是否不搞派別，以公司為首的觀點思考或行動，是否有對外發展的心態。 (4)是否有企業家的精神或挑戰性的精神。	20 16 12 8 4		
	專門知識	(1)關於自己的業務，是否有通用於公司內外的高度專業知識，並對相關業務是否具有範圍廣泛的知識。 (2)是否積極採納新的技術（資訊等）。 (3)致力處理新的革新性提案、開發、研究，並是否努力提升公司業績，或對提高公司聲譽有所貢獻。	20 16 12 8 4		
	實行、交涉能力	(1)是否爭先收集資訊，經長期率先繼續努力，並長期指向目標進行改革。 (2)面對現實，為了打開現狀，能否大膽冒險一試。是否夠熱情又執著。 (3)能否堅持自己的強烈意見運作公司。 (4)遇事是否即時處理，反應是否快速。	15 12 9 6 3		
	管理能力	(1)透過人事、制度、整個組織，經常促進部門內部變成活性化，並是否實行嶄新的部門活動。 (2)經輪調（循環）等是否努力有效地培訓管理職任者。 (3)能否充分發揮公司人員之潛在能力。 (4)是否具備見識，是否深得部屬的尊敬。 (5)是否有效地推動個人或團體，導向業務之推行。是否適切地進行權限之委讓。	15 12 9 6 3		
小　　　　　計			分 / 70分		

業　績　評　估	對象期間： 前年度4月～本年度3月（一年） 評估內容： 以具體的業績評估 評估項目： 同於獎金評估表中的「業績評估1」	30 24 18 12 6 ├─┴─┴─┴─┤ 分／30分
合　　　　　計		分／100分

晉薪評估		評　估　階　段	評估記號	評估者蓋印	〈評估記號〉	
	第一次評估	A B B´C C´D E ├─┴─┴─┴─┤			A	最優秀
	第二次評估	A B B´C C´D E ├─┴─┴─┴─┤			B, B´	優　秀
					C	良
					C´	尚差一步
					D, E	不充分

資料來源： 同圖表5-37，337頁。

圖表5-40　晉薪評估表B
90年度　晉薪評估表B
【副參事二級、主事一級、主事二級、副主事管理職為對象】 （但，也含括工程長、技正）

被評估者	服務單位	所　屬	職　號	姓　　　　　名	待　遇

⑴晉薪評估

		著　重　點	最優秀　優秀　良　尚差一步　不充分
能力評估	專業能力 業務知識	・具有有關自己的業務高度的專業知識，而且對相關業務是否具有廣泛的知識。	10 8 6 4 2 ├─┴─┴─┴─┤
	企劃、研究能力	・對問題懷有意識，是否以新構想處理業務。對新的提案、開發、研究是否專心處理。	10 8 6 4 2 ├─┴─┴─┴─┤
	形成課題能力	・眼光放遠，可預測未來，把握潛在的問題核心，而且能否提出包括解決方案的企劃。	10 8 6 4 2 ├─┴─┴─┴─┤

	可信度、知名度	·本人具備的專業能力，是否在公司內相關部門，或在業界變成頗高的評估。	5　4　3　2　1
實行能力	處理問題能力	·正確地掌握狀況，是否合理地處理明顯存在的問題，是否可找出問題，提出改進、向上的課題。	10　8　6　4　2
	交涉、調整能力	·明確表示自己的主張，與相關部分積極地磋商，是否努力實現課題。	10　8　6　4　2
	責任感、活動力	·對結果是否負起全責。是否身心健康，凡事進取認真處理。是否認識自己的任務，甚至在艱難狀況下，是否有始有終完成任務。	5　4　3　2　1
領　導　能　力		·是否有效地推動個人或團體，導向業務之推行。 ·是否努力培訓所屬人員。	5　4　3　2　1
團　體　合　作		·持有個人主張（有主見），卻能容納別人的主張，能否把組織的能力發揮到最大限度。 ·是否理解別人心情而採取行動。	5　4　3　2　1
小　　　　計			分／70分
業　績　評　估		對象期間：前年度4月～本年度3月（一年） 評估內容：以具體的業績評估 評估項目：同於獎金評估表中的「業績評估1」	30 24 18 12 6 分／30分
合　　　　計			分／100分

		評　估　階　段	評估記號	評估者蓋印	〈評估記號〉	
晉薪評估	第一次評估	A　B　B′C　C′D　E			A	最優秀
					B,B′	優　秀
	第二次評估	A　B　B′C　C′D　E			C	良
					C′	尚差一步
					D,E	不充分

資料來源：同圖表5-37，338頁。

圖表5-41　獎金評估表（90年度上期）

90年度上期　獎金評估表

【各級待遇通用】

(2)上期獎金評估

評估項目、重點	最優秀 優秀 尚良 差一步 不充分	評估內容、意見（請具體記載）
在擔任業務範圍內，本期間該員對課題的處理態度，及其達成程度評估。		
(1)在組織中該員完成了什麼業績。 　如：銷售、開發、原價等計畫的推行情況。	40 32 24 16 8	
業績評估1	(2)對將來的布局、改進等，長期性課題，是否積極處理，是否達成可評估的成果。 ①成為將來布局（署）之課題 ②提升專業技術及知識 ③使組織活動起來，有關培訓人才之課題	15 12 9 6 3	第二次評估者記載欄（尤其有異於第一次評估者時可補充記載）
(3)如何挑戰自己的工作 　對挑戰性較高的目標，即不限於達成程度之評估，也要評估過程中的努力程度。	20 16 12 8 4	
小　　計　　1	分／75分	
業績評估2〈顯出能力〉	(1)課題的形成能力 ・掌握問題重點、信心 ・挑戰程度、見解	5 4 3 2 1	
(2)判斷能力 ・迅速又正確的業務處理能力 ・以身作則的實行能力	5 4 3 2 1	
(3)創意・革新性 ・拓展業務之革新性、嶄新性 ・克服困難之精力	5 4 3 2 1	
(4)專門性 ・專門技術、知識之品質高超 ・該員以專業性，解決問題之貢獻程度	5 4 3 2 1	第二次評估者記載欄（尤其有異於第一次評估者時可補充記載）

	(5)指導、培訓部屬 ・掌握部屬之能力適應性，平常之指導 ・創造充滿活動力之服務場所	5 4 3 2 1		
	小　　計　　2	分／25分		
	合　　　　計	分／100分		

		評 估 階 段	評估記號	評估者蓋印	〈評估記號〉
獎金評估	第一次評估	A B B′ C C′ D E			A　　最優秀 B,B′　優　秀 C　　　良 C′　尚差一步 D,E　不充分
	第二次評估	A B B′ C C′ D E			

資料來源：同圖表5–37，339頁。

　　決定晉薪與獎金的評估金額，只以職務能力資格等級及評估（審查）模型來決定，至於學歷、年齡和服務年資，都不是評估對象。其結構只反映某段期間中，有關能力發展與業績發揮的程度。

2.升級與升等及人事考核

　　一般而言，「升級」是指在職業能力資格制度中，資格晉升為上級資格；而「升等」，是指職位晉升為上級職位。㊲這是把組織上的「職位」與「待遇」，加以區分運用的制度，也就是說，在職位體系與待遇體系並存的制度中，有必要將職位「晉升」與資格「升級」，分清楚後再予運用。

　　在此首先來看升級與人事考核關係。圖表5–42是表示升級之運用和人事考核的關係。

圖表5-42　升級運用與人事考核關係概念圖

職能資格 ＼ 升級運用 人事考核		升級運用上的基本構想
管理（專業） 職能	輔佐經營	
	上級管理	業績考核
	初級管理	業績考核
監督、指導 企劃功能	監督	入學方式
	指導	能力考核
	企劃	能力考核
一般職能	判斷非定型	入學方式
	單純非定型	能力考核 態度、意願考核
	定型輔助	能力考核 態度、意願考核

（註）(1)能力考核指，以相當於上級職能之工作分配為前提的能力考核
　　　(2)入學方式有必要能力考核加上升等考試或升等考試前之進修
資料來源：日經聯職務分析中心，《新人事考核制度之設計與活用》，日經聯簡
　　　　　報部，1989年，191頁。

　　職位體系與待遇體系之兩者並存運用的新人事管理系統，其第一個特色是，其待遇的重心畢竟是職務能力資格制度，而職務卻是要和組織營運上的角色分清楚。另外第二個特色為，把職務與職能資格間的應對，作彈性設計並運用。這時兩者在運用上的關係，以資格升級為先，然後再從符合該職務的有資格的人士中，給予任職與升級。因

此這樣徹底做好適材適所的考選之後，再加以任用與晉升更為重要。

七　結　語

　　以上筆者先以美、德文獻闡明人事考核概念，接著又針對人事考核、再概要地解說了美、德、日在人事考核上的歷史演變、利用目的，以及它的主要方法與評估誤差。然後在本章後半部分，則以各種資料，表明日本人事考核現狀，同時也敘述了人事考核及其主要活用目的關係。在此內容下，應該對於人事考核的概要，和日本的人事考核的現狀與特質以及人事考核在人事管理上所扮演的角色，可說已有大概的說明。❸

❶ Smyth, R. C./M. J. Murphy: *Job Evaluation and Employee Rating*, New York 1946, p. 167.

❷ Probst, J. B.: *Measuring and Rating Employee Value*, New York 1947, p. 3.

❸ Yoder, D., et al.: *Handbook of Personnel Management and Labor Relations*, New York 1958, 15・2.

❹ Zollitsch, H. G./A. L. Langsner: *Wage and Salary Administration*, 2nd ed., 1970, p. 359.

❺ DeLuca, M. J.: *Handbook of Compensation Management*, New Jersey 1991, p. 117.

❻ 關於德語文獻之各種人事考核概念參考如下。Gaugler, E., u. a.: *Leistungs-beurteilung in der Wirtschaft*, Baden-Baden 1978, S. 22–24.

❼ Bloch, W.: Leistungsbewertung, in: *Handwörterbuch des Personalwesens*, hrsg. von E. Gaugler, Stuttgart 1975, Sp. 1164–1170.

⑧ Lattmann, C.: *Leistungsbeurteilung als Führungsmittel*, Bern/Stuttgart 1975, S. 23–55.

⑨ Gaugler E., u. a.: *Leistungsbeurteilung in der Wirtschaft*, Baden-Baden 1978, S. 25.

⑩ Hentze, J.: *Arbeitsbewertung und Personalbeurteilung*, Stuttgart 1980, S. 5.

⑪ Domsch, M./T. J. Gerpoot: Personalbeurteilung, in: *Handwörterbuch des Personalwesens*, 2. Aufl., hrsg. von E. Gaugler/W. Weber, Stuttgart 1992, Sp. 1632.

⑫ Pigors, P./C. A. Myers: *Personnel Administration: A Point of View and a Method*, 8th ed., New York 1977, p. 270, 273. （武澤信一／橫山哲夫監譯，《人事勞務》，Magrouhil 好學出版，1980年，257、262頁。）

⑬ Wibbe, J.: *Leistungsbeurteilung und Lohnfindung*, München 1974, S. 15.

⑭ 有關美國人事考核的發展，參考了如下的文獻：⑴Yoder, D., et al.: *Handbook of Personnel Management and Labor Relations*, New York 1958, pp. 15·2–15·3；⑵Zollitsch, H. G./A. L. Langsner: *Wage and Salary Administration*, 2nd ed., 1970, pp. 364–365；⑶Rock, M. L. (ed.): *Handbook of Wage and Salary Administration*, New York 1972, p. 5·35；⑷Yoder, D./P. D. Staudohar: *Personnel Management and Industrial Relations*, 7th ed., New Jersey 1982, pp. 205–206.

⑮ Scott, W. D./R. C. Clothier: *Personnel Management: Principles, Practices, and Point of View*, Third Printing (1st ed., 1923) Chicago/New York 1925, Chapter XIII.

⑯ Scott/Clothier/Mathewson/Sprigel: *Personnel Management: Principles, Practices, and Point of View*, 3rd ed., New York/London 1941, p. 212.

⑰ Wibbe, J.: *Leistungsbeurteilung und Lohnfindung*, München 1974, S. 15.

⑱ 日經聯職務分析中心編，《新人事考核制度的設計和活用》，日經聯簡報部出版，1989年，13頁。

⑲ 日經聯職務分析中心編，《能力主義時代的人事考核》，日經聯簡報部出版，1969年，17頁。

⑳ 日經聯職務分析中心編，《新人事考核制度的設計和活用》，日經聯簡報部出版，1989年，53頁。

㉑ 楠田丘，《加點主義人事考核》，經營書房出版，1993年，第1章。

㉒ Yoder, D., et al.: *Handbook of Personnel Management and Labor Relations*, New York 1958, pp. 15・3–15・4.

㉓ ibid., 15・3.

㉔ 林伸二，《評估業績系統》，同友館出版，1993年，5頁。

㉕ (1)Gaugler, E., u. a.: *Leistungsbeurteilung in der Wirtschaft*, Baden-Baden 1978, S. 26–36; (2)Hentze, J.: *Arbeitsbewertung und Personalbeurteilung*, Stuttgart 1980, S. 21–22.

㉖ 日經聯職務分析中心編，《新人事考核制度的設計和活用》，日經聯簡報部，1989年，14頁。

㉗ Yoder, D.: *Personnel Management and Industrial Relations*, 4th ed., 1956.（森五郎監修，《勞務管理(II)》，日本生產力本部，1967年，94頁。）

㉘ 日經聯職務分析中心編，《新人事考核制度的設計和活用》，日經聯簡報部，1989年，55頁。

㉙ 社會經濟生產力本部編，《評估與待遇系統的新設計》，社會經濟生產力本部，1994年，141–143頁。

㉚ (1)藤田忠，《人事考核和勞務管理》，白桃書房出版，1962年，187–196頁；(2)安樂定信，《勤務評估》，帝國地方行政學會出版，1968年，78–81頁。

㉛ (1)大池長人，《職務評估和人事考核》，森山書店，1950年，第2篇；(2)Yoder, D.: *Personnel Management and Industrial Relations*, 4th ed., 1956.（森五郎監修，《勞務管理(II)》，日本生產力本部，1967年，96–108頁）；(3)藤田忠，《人事考核和勞務管理》，白桃書房出版，1962年，第3章；(4)是佐忠男，

《人事考核》，東海大學出版會，1982年，第4章；⑸堀口茂，《人事考核》，同友館，1990年，38-64頁；⑹楠田丘，《加點主義人事考核》，經營書房出版，1993年，220-235頁；⑺林伸二，《評估業績系統》，同友館出版，1993年，第2章。

㉜ 〈與評估聯動之最新目標管理制度〉，《勞動時報》3241號（1996年1月26日），勞務行政研究所出版，3頁。

㉝ ⑴Yoder, D.: *Personnel Management and Industrial Relations*, 4th ed., 1956.（森五郎監修，《勞務管理(II)》，日本生產力本部，1967年，116-122頁）；⑵藤田忠，《人事考核和勞務管理》，白桃書房出版，1962年，334-343頁；⑶是佐忠男，《人事考核》，東海大學出版會出版，1982年，63-66頁；⑷日經聯職務分析中心編，《新人事考核制度的設計和活用》，日經聯簡報部，1989年，221-223頁；⑸林伸二，《評估業績系統》，同友館出版，1993年，第4章。

㉞ 社會經濟生產力本部編，《評估與待遇系統的新設計》，社會經濟生產力本部，1994年，114-118頁。

㉟ 日經聯職務分析中心編，《人事考核制度實例集》，日經聯簡報部出版，1992年，251-314頁。

㊱ 同上書，315-344頁。

㊲ 日經聯職務分析中心編，《新人事考核制度的設計和活用》，日經聯簡報部出版，1989年，188頁。

㊳ 同上書，197頁。

第六章 韓國的勞資關係體制
—— 以團體交涉和勞資協議為中心

一 前 言

　　所謂的勞資關係指的是通常因國家、地方區域一旦不同的話，其型態、內容也會變得很不一樣。在第三章提到日本的勞資關係是構成日本企業階層的勞資關係的焦點。在其基礎中，團體交涉和勞資協議扮演著重要的角色。因此，藉考察兩者間的各種問題使日本的勞資關係的特質明朗起來。

　　和日本一樣，即使在韓國也是企業階層的勞資關係成為焦點。所以，在此也和日本同樣地，團體交涉和勞資協議都扮演著重要角色。但是，若要看團體交涉和勞資協議的應有狀態，也有和日本不同的地方。所以，在本章裡，希望和第三章大致相同的方法來追究了解韓國勞資關係的特質。

二 團體交涉制度

1.團體交涉制度在歷史上的發展

韓國的團體交涉制度，於第二次世界大戰後的1953年3月，根據工會法和勞動關係法之制定初次確立；之後，政府的政策有所變化，而工會法也有了幾次的修正，雖然受到許多限制，仍然延續迄今。 ❶

在韓國，根據1971年12月27日公布的「有關保衛國家之非常措施法」第九條，團體交涉權和團體行動權受到嚴格的限制。對工會運動之限制稍為緩和的理由是，勞工工會法及勞動關係法之大幅修正（1980年12月31日）和非常措施法之廢止之緣故。如此狀況以1987年的「6‧29民主化宣言」為契機產生了極大的變化。在此宣言公布以後，激烈的勞資糾紛深刻化，而在「先罷工，後交涉」這種非法的團體交涉進行中，於1987年11月28日勞工工會法大幅修正，團體交涉制度之規定也變得相當明確。 ❷ 而且，1998年2月被修正的「勞工工會及勞動關係調整法」目前已在適用。

「勞工工會及勞動關係調整法」第一條（目的）規定如下：「本法據憲法保障勞工之團結權、團體交涉權及團體行動權；試圖維持、改善勞動條件，也提升勞工在經濟上，社會上的地位，並公正調整勞動關係，以預防、解決勞動爭議，藉此維持產業和平，及貢獻於國民經濟之發展等作為目的。」

又在上述該法第三章（團體交涉及團體協約）第二十九條（交涉及締結權限）也明文規定勞工工會之交涉權限如下：「勞工工會之代表持有權限為所屬勞工工會或工會會員與雇主或雇主團體交涉，並締

結團體協定。受勞工工會和雇主或雇主團體委託任交涉或有關締結團體協定之權限者，為勞工工會和雇主或雇主團體，在受委任的範圍內可行使其權限」。又在第三章第三十條（交涉等之原則）中也規定誠實交涉之義務。就是說：「勞工工會和雇主或雇主團體必須遵從信義，誠實交涉以締結團體協定，也不得亂用權限。勞工工會與雇主或雇主團體，沒有正當理由，不得拒絕或怠慢交涉，或締結團體協定。」

如上述，韓國的團體交涉制度依據憲法及勞工工會法之法律保護規定，對勞資雙方之權限、義務之關係，有相當明確的規定。還有，經濟團體協議會，於1998年3月，也公布了「團體協定締結指南」。在這裡面彙集了韓國勞總之「模範團體協定案例」，民主勞總的「團體協定模範案例」及韓國經總之「標準團體協定案例」等。在此以前韓國勞總和韓國經總分別於1980年代末所彙編的團體協定基準案，及標準團體協定案等對於穩固團體交涉與營運都有神益處。以如此情況為前提，擬探討韓國團體交涉之現狀如下。

2.團體交涉制度的現況

2.1 團體交涉的主體與對象事項

團體交涉的主體或當事人而言，工人方面是工會（單位工會代表或單位工會之委任者）；而雇主方面是指雇主或雇主團體。實際上，團體交涉除了工會與雇主雙方代表之外，還有被指名為勞資交涉委員，或被委任者也參加舉行較多。

至於成為團體交涉的對象事項而言，要明確規定其範圍極為困難。這是因為工會方面並不把團體交涉的對象事項之範圍限定於工資和勞動條件上，而主張應該擴大到各種不同的領域中；而雇主方面卻

主張工資及勞動條件應該限制其交涉之範圍，形成雙方主張對立之緣故。因此，有關團體交涉對象事項之範圍，需要有一定的基準。這一點多半依勞動法，或向來的勞資慣例，或團體協定來加以規定。

然而，有關團體交涉對象事項的韓國工會法之規定卻是不明確。工會法對團體交涉之範圍並沒有明確規定。規定不明確，已成為涉及團體交涉對象事項之範圍問題，勞資間爭議的主要原因。如此這般，勞資間在自動性同意之下，需要決定具體的交涉事項。在此，觀看韓國勞總、民主勞總，及韓國經總各自主張的團體交涉對象事項，可列舉如下：

韓國勞總所規定的團體交涉對象事項是：(1)有關工會活動事項，(2)有關人事之一切事項，(3)如：公司之分割、合併、出讓、休（廢）業、轉移工廠、承包、外包等，保障雇用相關的一切事項，(4)工資、工作時間、帶薪休日、帶薪休假等有關工作條件之事項，(5)有關保護女性與男、女雇用平等之事項，(6)有關產業安全保險，及產業災害補償之事項，(7)有關福利健保，及居住安定之事項，(8)有關公正分配經營成果及參加經營之事項，(9)有關生產、機械速度、工作程度、引進新技術等事項，(10)有關公司的社會責任之事項，(11)有關作業人員之採用、分配、作業量等事項，(12)有關公司在經濟上、法律上之變更事項（如分割、合併、出讓、轉移、承受、設立或處分下游公司、決定承包、國外投資等），(13)符合其他工作條件之一切事項等。❸ 如上述，韓國勞總是除工作條件之外，甚至把經營、生產、人事等相關的許多事項也列入團體交涉的對象，所掌握的範圍可說相當廣泛。

民主勞總也舉出下列各項為團體交涉之對象事項，如：(1)有關工會活動之事項，(2)有關社會責任、義務與人事經營之事項，(3)有關保障雇用之事項，(4)有關工資、工作時間、休日、休假之事項，(5)有關

男女平等、保護女性之事項，⑹有關產業安全保險之事項，⑺有關福利、保健之事項，⑻有關經營成果的公平分配之事項，⑼有關引進新技術、工作程度之事項，⑽其他符合團體交涉之對象的一切事項等。❹

　　當作韓國勞總和民主勞總的團體交涉對象，有關保障雇用之事項被舉出來，筆者認為這可能是於1997年11月下旬，向IMF 聲請緊急支援以後的狀況，也就是說，反映出在「IMF 形勢」下對雇用問題產生不安之緣故。進入1998年以後，成為團體交涉顯著的一個特徵就是：工會正在強烈要求「安定雇用協定之締結」。相反地，韓國雇主總協會卻主導不去締結那樣的協定，除此之外，在勞動界流行的口號(catchphrase) 中也出現了一些變化。就是說：「不再爭取工資，要爭雇用之安定」是也。

　　相對地，韓國經總所規定的團體交涉的對象事項是：⑴有關工資及工作條件之事項，⑵有關作業設施及環境之事項，⑶有關福利健保之事項，⑷有關工會活動之事項，⑸有關團體協定之修改廢止等事項。❺

　　如上述，雇主方面主張在經營企業上為保全私有財產認為有必要的人事權或組織管理權等是屬於原有的經營權，所以不可能成為團體交涉之對象；而工會方面卻主張不僅限於工資、工作時間等工作條件，連人事權或包括經營權的種種事項也應列入對象。如此，涉及團體交涉之對象事項的勞資雙方，在主張上的差距頗大。

　　一般而言，成為團體交涉之主要對象事項是：⑴工資、工作時間、工作條件等規定事項，⑵工會活動或參加工會規定等有關勞資關係之權利、義務的債務事項，⑶在企業經營上之組織管理有此關聯的組織性事項。而在這些事項中最為基本的交涉對象事項可說是工資及

工作條件。

　　韓國於1987年的「6‧29民主化宣言」以後的民主化過程中，體驗到極為激烈的勞資紛爭，與「先罷工，後交涉」之不合法的團體交涉，而其主要原因可說是涉及工資及工作條件之改善，發生於勞資之間的對立。在1987年至1989年的三年之間所發生的勞資糾紛中有關「提高工資」問題的糾紛占全部的60％，屬於其他糾紛的原因依次是「團體協定」（約13％），「改善工作條件」（10％）。尤其是關於工資（提高工資，未付工資）及工作條件的勞資糾紛有約72％，占據相當高的比率。❻論及其理由，可以指出，這些問題當時在團體交涉中正是勞資間的主要對象事項。又自1990年至1996年之七年間，就勞資糾紛發生究其原因，其二大原因就是提高工資和團體交涉。❼也就是說，由此可知有關工資與工作協定的種種問題成為團體交涉的主要對象事項。

2.2　團體交涉的方式

　　團體交涉方式因工會的組織型態或勞資間之慣例有相當的差異。跨越了企業，以橫切方式所組織的不同產業的工會，或不同職業的工會，與一般的西歐各國的團體交涉方式，或以不同企業的工會為基礎的日本，韓國的方式自有很大的差異。

　　有關韓國的團體交涉方式，據韓國勞動研究院於1989年6月所實施的調查結果，採用不同企業交涉方式的工會，比率最高有57.2％，採用不同地域、不同業種的共同交涉方式的有27.8％，採用工廠，或不同事業場所的交涉方式的占15.0％。❽又，據另外的調查，到1992年12月，有82％採用不同企業的交涉方式。❾據勞動部1996年的調查，採用不同企業的交涉方式為87.4％，採用共同交涉方式（統一交涉，對角線交涉）的有12.2％。❿由此可知不同企業的交涉占有優

勢。再者，以大家所望的「團體交涉方式」而言，據韓國勞動研究院於1996年9月實施的調查結果，不同企業的交涉占54.6％，集團交涉占35.4％，統一交涉占6.7％，對角線交涉占3.3％。❶ 然而，因1997年3月的勞動法之修正，「委任交涉權」已成可能（刪除禁止第三者介入條款）。從此以後，為了打開不同企業工會之交涉能力之上限，將交涉權委任上級團體來交涉的方式逐漸增加。交涉方式之多樣化由此可見。

以現況而言，由於勞動關係法之修正受到禁止第三者介入條款之影響，在勞資交涉之際，加強處於劣勢的（相對地）不同企業工會之交涉能力；進而，針對不同產業工會體制，和轉移不同產業之交涉方式，不同產業工會，或國立中心，自不同企業工會接受交涉委任權，直接挑戰交涉之動向正在急速地擴大。再說，上級團體為了支援不同企業工會之團體交涉或爭議行動，派出眾多的支援者的動向也在擴大起來。據勞動部報告，支援人數每一公司高達二千五百人。例如：韓國華那克公司而言，對工會會員四十七人派出支援者四百二十九人，也有如東雲電機對工會會員三百五十人派出支援者八萬四千五百六十人等等，其支援行動之規模變得越來越大。❷

3.團體交涉制度之課題

在韓國自1987年的「6・29民主化宣言」以後，由於急進的勞工運動展開，給團體交涉帶來很大的變化。尤其是自1987年至1988年所展開的工會方面的「先罷工、後交涉」的強勢團體交涉為首，提出了許多單方面的要求，使韓國的團體交涉制度大幅變形。經過這樣的過程，團體交涉制度可說在企業界中逐漸固定下來；但，在團體交涉上，有關勞資雙方的態度，或交涉內容、交涉方式、交涉手續，及交

涉期間等還存在著許多問題。

1989年，韓國生產力本部以一百一十八個單位工會會員（生產職與事務職）一千六百九十七人為對象所實施的調查結果；阻礙了韓國團體交涉進行圓滑的主要原因就是，回答雇主方面有不誠實的態度者占42.4％；顯示最高比率，其次是回答企業方面提供的經營資料不誠實者占20.0％。相對地，成為工會方面的問題焦點，認為工會會員的專業知識不足者占15.8％，工會會員的意見分歧者占11.8％，在勞資雙方交涉妥協後總會或議員會所否決的有2.1％，其他是8.0％。❸ 本調查結果，可說指出了韓國的團體交涉中的勞資雙方主要問題的焦點。

另外，據韓國勞動研究院在1996年9月的調查，成為阻礙團體交涉之主要原因，下列的各項如：以為雇主方面的理解不足的占35.8％，政府的勞資關係政策的占23.1％，勞資間之信賴不足的占18.7％，對執行部門之工會會員的信賴不足的占17.1％，還有偏低的勞工組織率的占2.6％等被列舉出來。❹ 看來，要把這些問題加以克服才是當前的課題。

三　勞資協議制度

1.勞資協議制度的歷史性發展

1963年12月，勞工工會法被修正，而為了政府的長期經濟計畫能成功地推行，需要勞資關係之安定；也負有義務設置以協調勞資雙方為目標的勞資協議會。在同法第六條中有規定：「雇主和勞工工會應期望勞資協調，並為維持產業和平設置勞資協議會」，勞資協議會之

設置就這樣依法強制執行。後來，1980年12月31日，公布「勞資協議會法」，同時實施。但，這法律於1981年4月8日，和1987年被修改。而且，於1997年3月13日，有關「勞工參與及增加協助」之法律被制定以取代該法。隨後原來的「勞資協議會法」就被廢止了。

　　如上述，韓國的勞資協議制度始於1963年所修改的勞工工會法之規定，再經1980年的勞資協議會法之規定，直至現行的有關「勞工參與和增加協助」之法律等一連串的法律規定而形成也發展起來。然而，同時地也藉「韓國生產力本部」或「韓國經營者總協會」之努力，促進其普遍化這一方面的成就也不可忽視。這樣地把韓國的勞資協議制度從其發展層次看來，我們可以按年代指出其特徵：如以1960年代為先驅，初期的引進時期，1970年代為普及時期，1980、90年代為正式地穩固、確立的時期等等。❻

2.何謂勞資協議?

　　韓國的勞資協議是根據上述的「有關勞工參與及增加協助之法律」來立法作為其義務。該法第一條（目的）規定：「本法律透過勞工與雇主雙方之參與和協助，增加勞資共同的利益。」在第二條（信義誠實之義務）是規定：「勞工與雇主應該在互相誠信之下，參與協議。」而且，在第三條即規定：「勞資協議會指勞工與雇主透過參與及協助，以增加勞工的福祉與企業的健全發展為目的所組織的協議機構。」由此可知為著勞資協力之目的所立的制度乃是勞資協議，而其性質也極為明確。

3.勞資協議會之設立範圍

　　上述該法第四條（設立）規定：「⑴勞資協議會必須由具有勞動

條件決定權的企業或事業單位來設立。但，以總統令來決定的企業或事業單位不在此限。⑵如在同一企業內尚有不同地域之事業單位時，對該事業單位仍可設立。」然而，於1997年3月27日制定的上述法實施令第二條（設立範圍）規定「常備從業人員三十人以上的企業必須設立勞資協議會。」

再者，有關勞資協議會之組織，上述法第六條（組織）中有下列規定就是：「勞資協議會由代表勞工與雇主的同數目的委員組成，人數分別以三人以上，十人以內為限。」

4.勞資協議會之任務

勞資協議會的附議事項被區別為：「協議事項」（提升生產力與分配成果、勞工之採用、分配及培訓、預防勞資爭議等共十四項），「決議事項」（勞工之培訓及建立開發能力基本計畫、設立福祉設施及管理等，共五項），和「報告事項」（整套經營計畫及有關實績事項，共四項）等。根據舊勞資協議會法，勞資協議會的附議事項是限在「協議事項」（七項），和「報告事項」（四項）二項。相對地，新法而言，可說把從業人員參加範圍擴大，而其水準也大幅提高。

再者，新訂法第五章就「處理申訴」制定條文（第二十五條─第二十七條），規定設立「處理申訴機構」，並授與該機構具有勞資協議會的輔助功能。

再說，在上述該法第六章補則第二十八條（中央勞資政協議會）規定：「為協議相關於國家的產業、經濟、社會政策之勞資關係、雇用、勞工福祉等主要勞工問題，可設立並運營由勞工代表、雇主代表、公益代表及政府代表所組成的中央勞資政協議會。」

5.勞資協議會之設立狀況

經勞動部調查,至1995年12月31日的韓國勞資協議會之設立比率是99.8%。又,關於「勞資協議會之必要性」據1990年前後所實施的韓國生產力本部或韓國勞動研究院之調查,雇主與勞工雙方面均以80～90%的高比率回答說:「有必要設立勞資協議會」。❶而且勞工方面要比雇主方面對勞資協議制度之必要性有較強烈的意識。

6.勞資協議會之開會狀況

據1991年之調查,觀察1987年的「民主化宣言」前後幾年的勞資協議會的開會頻度(次數),不管企業規模或有無勞工工會,回答「1987年以後有增加」的超過了50%。還有,就開會方式而言,非定期的臨時開會要比定期的開會壓倒性地居多。❶

7.勞資協議的成果與問題焦點

觀看韓國勞動研究院1991年度的調查結果,回答勞資協議會的「有效果」的占優勢。❶再看,該研究院1996年度調查結果,所舉出的勞資協議會運營成果有下列幾項: ❶(1)使勞資間之意見溝通生動化(5.39)、(2)改善及提升勞動條件 (4.95)、(3)增強勞工士氣 (4.91)、(4)消除勞資間之摩擦及預防糾紛 (4.23)、(5)增加勞工參加經營機會(3.89)、(6)使執行經營方針圓滑 (3.52)等。然而,一些問題的焦點也被指出來。據韓國經營者總協會之調查結果 (1997年7月) 成為「勞資協議會於不同產業和不同規模中在運用上之諸問題」的有:「從業人員專業性不足」占31.1%,「運營技術不足」的占20.8%,「誠信度不足」的勞工方面占15.8%,雇主方面占4.4%,「專業知識不足」的

占6.6％。❷看來，這些問題將成應該克服的一個課題。

8.實際事例：Ｓ集團的勞資協議制度

在此以韓國勞資協議制度作為代表事例，來介紹Ｓ集團的勞資協議制度。

8.1　Ｓ集團引入勞資協議制度的背景

Ｓ集團是韓國最具代表性的大財團，凡屬於此企業集團多數企業的勞資關係都是極為安定的。即使是在1987年「6・29民主化宣言」之後，頻頻發生的急進的勞資糾紛之下，❷於Ｓ集團內的企業或事業中幾乎沒有發生過勞資糾紛。這是基於「勞資協議會法」（1980年12月制定）的規定，該集團正式設置勞資協議會，而因圓滿且有效的經營所帶來的結果。

Ｓ集團，因很早就立定「不需要工會來經營企業」，所以在此設置勞工代表機關來代替工會功能是必要的。又同集團在基於保護勞工權益和尊重人權的經營理念下，為了實現經營勞資共存共榮的共同體，以確立勞工主義的經營哲學和合理的勞資關係組織，一直重視設置勞資協議制度。也有可能將那些隨著企業環境和勞工需求的轉變，來做妥當的應對，且也有助於安定勞資關係（維持產業和平）及穩定協議的勞資關係。

如此一來，Ｓ集團為了實現「不需要勞工工會來經營企業」，努力追求引進基於「和平的理念」的勞資協議制度。也就是說，企業階層的勞資關係，不看其利害對立的方面而較重視利害共有這一面，一邊實踐「從業人員主義」，一邊指向使勞資雙方可發展的生產性的勞資關係。

為了實現不需要勞工工會來經營企業（無工會的企業經營），把

重點放在⑴公正且合理地運用人事制度、⑵運用業界屈指可數的福利衛生制度、⑶運用多樣化的溝通意見的管道、⑷以經營參加勞工制度作為運用勞資協議會、⑸以公司員工互助的制度作為運用同事會等上面。

如上述，S集團是以「代替工會的勞資關係制度」，引進S集團型的勞資協議制度。即使是現在，在該集團內的企業也無工會的組織。

8.2 設勞資協議會之目的和必要性

S集團的勞資協議會，計畫在短期內安定勞資關係及增進彼此的信任度，長期則以透過參加經營的擴充而來提高經營共同體的意識和提升生產力作為目標。也就是於S集團，向來就重視勞資關係而保護勞工的權益，提高生活水準，圓滿地溝通勞資的意見等當然不在話下，另外透過重新信任勞資雙方，加強互助，提高勞動的熱情，擴充經營參加等，來實現提升勞工生活品質和提高生產力為設置勞資協議會主要的目的。

S集團認為需要勞資協議會的理由，可以舉出以下三點：

⑴加強企業間或國際的競爭能力有助於強化勞資間的互助關係和企業組織的凝聚力，所以設置勞資協議會和功能的生動化是必要的。

⑵隨著勞資關係的變化和勞工需求結構的轉變，向來重視的改善勞動條件也演變成重視提升勞動生活的品質，為了實現此希望，發展勞資協議會的任務和生動化的經營是必要的。

⑶近來由於經營環境的變化，為了實現加強企業的競爭力，安定企業和提高生產力，以勞資協議會來代替工會的功能且具體表現其所占的優勢是必要的。

8.3 勞資協議會的設置情形

　　屬於 S 集團的企業裡，以四個階層來設置勞資協議會。勞資協議會設置的類型如下。

　　⑴全公司的勞資協議會

　　全公司勞資協議會是指與全公司相關的事項之最後審議、決定機構，處理事業單位不能解決的困難事項或全公司階層必須統一的勞資協議事項，於此協商、決定後的內容對企業的全事業單位具有一定的效力。

　　⑵事業單位勞資協議會

　　事業單位勞資協議會是指與事業單位相關事項之審議、決定機構。通常是勞資協議會法裡的勞資協議會，處理該事業單位內限制的事項。也就是，主要地處理提高事業單位內的生產力或和保險、衛生有關等等的諸事項。

　　⑶不同部門的勞資協議會

　　各部門的勞資協議會，是指與企業內各事業部門相關事項之審議、決定機構，於事業單位內的各業務組織中選出勞工委員和雇主委員，處理各部門內的諸事項。勞工委員方面是由事業單位勞工協議會中的勞工委員和其他委員所構成的。又協議事項中，關於處理自主性協議的困難事項，提出事業單位或全公司勞資協議會的議案。通常，在不同部門的勞資協議會中，與其說是階層較高的協議倒不如說是專為提議案件召開的會議。

　　⑷專門委員會

　　專門委員會是，作為各種行業裡專門審議、協議實務的機構來處理協議會委任的事項。此委員會是由代表組織內的各種行業之勞方、資方各三名以內的代表委員所構成的。委員中的一位要選出具有該提交討論事項的專門知識者。專門委員會委員的任期是到審議協議事項

結束為止，但常設委員會則到勞工委員的任期結束為止。

　　專門委員會是勞資共同審議特定事項的機構，主要是審議事業單位勞資協議會或各部門的勞資協議會所委託的事項為主。一般是有關提高生產力、安全、衛生，福利健保、人事、勞務，處理申訴等的問題才利用常設委員會（生產力委員會、福利健保委員會、安全、衛生委員會、人事、勞務委員會、教育、文宣委員會、文化、體育委員會，處理申訴委員會等），至於其他特殊事項則利用臨時委員會。

　　作為Ｓ集團勞資協議制度的名稱，是依據企業的特性，除所謂的「勞資協議會」名稱以外，也可使用其他名稱。例如：○○勞資協議會（Ａ公司的情形），△△協議會（Ｂ公司的情形），××勞工協議會（Ｃ公司的情形）等等。

8.4　勞資協議會的構成

　　勞資協議會法第六條，對於企業設置勞資協議會的對象規定應由代表勞工方面和雇主方面人數相同的委員（各三名以上，十名以內）所構成的勞資協議會為義務。Ｓ集團則是考慮到不同職能、按職位的等級、性別、構成的勞動力來設置按不同事業單位的勞資協議會，雇主方面和勞工方面的區別範圍如下。

　⑴雇主方面：公司負責人，幹部（部課長）

　　　　　　　晉升幹部的預定者

　　　　　　　人事、總務、預備大隊的值勤者

　⑵勞工方面：三項甲等以下的負責人

　　　　　　　主任指導職務以下

　　　　　　　非幹部者

　　又，不同職能的勞工代表委員的構成比例（Ａ公司的情形）刊登在圖表6-1。

按企業規模所選出的勞工代表委員的基準如下。

(1)40～100名以下：一名

(2)101～200名以下：二名

(3)201～300名以下：三名

(4)301～400名以下：四名

(5)401名以上：五名

圖表6-1　各種職能的勞工代表委員其構成比率（A公司）

項目	管理事務的職位			生　產　職　位			委　員人　數
	職　責等　級	工　作人員數	委員人數	職責等級	工　作人員數	委員人數	
男	三　級　甲	15名	1名	指導主任的職　　位	15名	1名	2名
	三　　　級	30名		指導的職位	60名		
	四、五級	95名	1名	熟　練　職	230名	3名	4名
女	女性公司職　　員	20名	－	女性公司職　　員	80名	1名	1名
計		160名	2名		385名	5名	7名

資料來源：依據Ｓ集團經濟研究所的資料（1991年10月）。

　　勞資協議會委員的選出方式，是採取直接選舉和間接選舉並用的制度。直接選舉的情形是（Ａ公司），由各選舉區的直接選舉所選出的代表委員，是考慮性別、職能、職位等級的構成的勞動力來決定的。間接選舉的情形是（Ｂ公司），在選出代議員後，再由代議員選出委員。委員的任期為一年。

8.5　保障勞資協議委員的活動（身分）

　　勞資協議會法第十條規定保障勞資協議會委員的活動（身分）

（兼任、原則上無報酬），禁止與完成職務有關的沒有利益的處分，承認出席協議會的時間相等於值勤時間。關於這點Ｓ集團採取以下的措施。

⑴為了謀求順利完成協議會的業務及委員之間的互相交流及交換資訊情形，提供場所（專用辦公室）。

⑵協議活動，調整議案，交換意見的活動，勞工委員的集會（一週一次），和員工商討的活動等所需要的時間，承認為相等於完成職務所需的時間。

⑶為了謀求協議會的生動化，職能的專業化，依照各公司的特性承認專任委員（例如Ｃ公司，承認員工一千名中即有一名專任）。

⑷承認舉辦各種活動或允許參加活動。

⑸進行勞資協議活動的宣傳（發行公司報，設置專用公布欄）。

⑹為了提高委員的資質而舉行活動。

圖表6-2　勞資協議會按不同類型經營的情形（Ｓ集團）

項　　　目	每週會議	會議時間	協　商　內　容
⑴全公司勞資協議會	分期一次	2小時	審核決定和全公司相關的事項
⑵企業單位勞資協議會	每月一次	2～3小時	審核決定和企業相關的事項
⑶按部門之勞資協議會	每月一次	2小時	審核決定和各部門相關的事項
⑷專門委員會	每週一次	2小時	專門審議及協商實務

資料來源：同圖表6-1。

8.6　勞資協議會的經營狀況

勞資協議會法第十一條規定每三個月必須召開一次定期會議及依照需求可召開臨時會議。Ｓ集團勞資協議會按類型經營的狀況如圖表6-2。

　　勞資協議會法把勞資協議會之附議事項規定為「協議事項」（第二十條）和「說明事項」（第二十一條）二項。

　　屬於Ｓ集團的Ａ公司的附議事項如下。

　⑴報告、說明的事項

　　Ａ公司在法律上規定的義務事項以外，對於以下的事項也進行說明、報告。

　　　①推動經營革新活動的方向和結果。

　　　②參加經營活動的實際成績。

　　　③推動提高生產力運動的結果。

　　　④勞工委員會的活動事項。

　　　⑤各經營部門協議會的運用實績。

　　　⑥推動勞資共同行動的結果。

　　　⑦推動前期協議會結果的經過。

　　　⑧作為其他協議會報告事項已達成協議的事項。

　⑵協議事項

　　所謂的協議事項，雖然在勞資雙方協議下進行，但是最後的決定和執行權仍是歸屬於公司方面。因此必須協調勞工方面的意見。Ａ公司在法律規定事項以外，也協議以下的事項。

　　　①關於人事、組織制度的變更的事項。

　　　②相關於變更、修正就業規則的事項。

　　　③為協助經營活動的事項。

　　　④關於實施教育訓練和其內容的事項。

　　　⑤關於革新意識及改革組織的事項。

　　　⑥關於提高工作現場生產力的活動的事項。

　　　⑦有關郊遊或運動大會等聯誼活動之計畫。

⑧發行公司內的小報。

⑨確立勤務的紀律和組織生動化的對策。

⑩相關於長期服務員工的福利政策的事項。

⑪其他事項。

(3)協議、決定的事項

法律上並沒有規定，但在Ａ公司，對於以下事項視為與勞動條件有直接關係的事項，認為需要勞資雙方的協議和決定。

①關於薪資及津貼的事項。

②關於改善勞動條件和待遇的事項。

③改善工作環境及預防產業災害的事項。

④關於運用勞資協議會和組織結構的事項。

⑤關於革新企業的活動和企業文化的事項。

⑥關於縮短工作時間的事項。

⑦根據提高的生產力來分配成果之原則。

⑧發展提高生產力活動的基本原則。

⑨有關人事事項的基本原則的事項。

⑩確定選舉區及支援選舉管理的事項。

⑪其他事項。

那麼，如上述，屬於Ｓ集團的Ａ公司而言，其勞資協議會的運用方式基本上可區分為三個類型：(1)通知、報告、說明型，(2)協議、諮詢型及(3)協議、決定型（圖表6-3）。又在召開全公司勞資協議會和事業單位勞資協議會時，總經理或事業單位代表必須出席。

圖表6-3　勞資協議會的運營方式（S集團）

區　　　分	通知、說明型	協議、諮詢型	協議、決定型
協議的內容	報告經營狀況，通報制度的實施，提議事項的中心	意見的接納、反映，改善制度的諮詢	改善制度事項 協議提案的事項
提出意見	主：公司方面 從：勞工方面	勞工方面	主：勞工方面 從：公司方面
實行決定權	公司方面	公司方面	勞資雙方達成協議
實施的責任	公司方面	公司方面	公司方面
協議的方式	懇談會方式	懇談會及會議方式的並用	會議方式、交涉方式
意見不一致時	由公司主導實行	由公司主導實行	勞資對應深刻化，集體行動化
關係企業	運用於 J 製糖，S 飯店等的企業	運用於電機、合成纖維、資訊半導體等企業	運用於重工業、電子、保險等企業※S電子是協議、諮詢和協議、決定型的中間類型

資料來源：同圖表6-1。

　　於 S 集團勞資協議會運營的過程和運營型態登在圖表6-4及圖表6-5。

　　如以上，S 集團的勞資協議會可說在韓國具有最完整的設備和功能，但仍可指出尚有如下述，在運營上的問題點存在。

　　⑴勞資雙方對勞資協議制度的理念和精神認知不足

　　⑵擴大了集團內各公司的勞資協議運營水準的差距

　　⑶勞資間事前協議的功能不彰

　　⑷勞資間接納合理意見的限度

　　⑸勞資協議會的運營缺乏效率

　　⑹勞工委員資質不足與職責不彰

(7)經營及交換相關勞資的情報不足

(8)勞資合作的經驗不足

圖表6-4 勞資協議會的運營過程（S集團）

資料來源：同圖表6-1。

圖表6-5 勞資協議會的運營型態（S集團）

組 織型 態	選出委員	協議範圍	協議型態	委員的活 動	協定的型 態
法制上的勞資協議制度	按組織單位直接選出職員	包括工會和勞資協議的功能	以協議方式作為原則，承認交涉、決定	和勞工工會的活動相同	適用同意運營的規定

資料來源：同圖表6-1。

圖表6-6 勞資協議會生動化的方向（S集團）

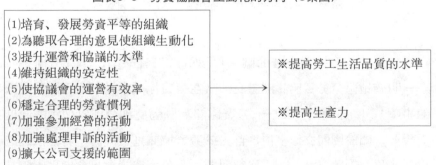

資料來源：同圖表6-1。

根據以上所揭示的問題點，如圖表6-6提出勞資協議會生動化的基本方向。

以上是代表韓國的大財團 S 集團其勞資協議會的概要。 ❷

9.團體交涉和勞資協議的關係

和日本一樣，以不同企業的工會為基礎的韓國，在有勞工工會組織的企業中，都有勞資協議和團體交涉關係的問題。在此根據韓國勞動研究院於1991年度調查的結果，藉此來觀察此點的情形（圖表6-7）。

圖表6-7　不同企業規模的勞資協議和團體交涉的關係

（單位：個，％）

企業規模	分　離　型	連　結　型	代　替　型
未滿300人	7 (9.3)	14 (18.7)	54 (72.0)
300–900人	23 (25.8)	37 (41.6)	29 (32.6)
1,000人以上	38 (33.9)	55 (49.1)	19 (17.0)
全　　　體	68 (24.6)	106 (38.4)	102 (37.0)

資料來源：金勳，〈韓國勞資協議會的現狀和課題〉，韓國勞動研究院編，《關於企業階層的勞資協議制所召開的國際專題討論會》，1992年6月，20頁。

勞資協議和團體交涉的關係可以分成三種類型：⑴「分離型」——明確地區分勞資協議團體交涉（在勞資協議中並不處理團體交涉的事項），⑵「連結型」——勞資協議和團體交涉分別以個別的制度而設置，關於團體交涉事項，首先於勞資協議進行磋商，若無法達成協議才移交團體交涉，⑶「代替型」——勞資協議會也會處理團體交涉事項。由此可知企業規模愈大，分離型和連結型愈多，而在小企業

則是代替型較多。

又在勞資協議和團體交涉中大家期望的最佳的關係就是，雇主方面把重點放在勞資協議上；相反地，勞工方面則希望勞資協議和團體交涉之間存有互補的關係（圖表6-8）。

圖表6-8　對於勞資協議和團體交涉最佳關係的見解

（單位：個，％）

評估團體	只開勞資協議就夠	可望與團體交涉互相彌補	希望分開運營	有團體交涉就夠
雇主方面	130 (46.59)	107 (38.35)	25 (8.96)	17 (6.09)
勞工方面	75 (25.57)	146 (53.68)	31 (11.40)	20 (7.35)
全　　體	205 (37.21)	253 (45.92)	56 (10.16)	37 (6.72)

資料來源：同圖表6-7，20頁。

又就勞資協議和團體交涉之關係類型來看，雇主方面較注重「代替型」，相對地勞工方面則重視勞資協議和團體交涉之間的互補的關係，希望「代替型」或是「連結型」。（圖表6-9、6-10）

圖表6-9　按類型比較勞資協議和團體交涉的關係（雇主方面的見解）

（單位：個，％）

關係的類型	只要勞資協議就夠	可望與團體交涉互相彌補	希望分開運營	有團體交涉就夠
分　離　型	22 (33.3)	28 (42.4)	11 (16.7)	5 (7.6)
連　結　型	27 (26.0)	60 (57.7)	8 (7.7)	9 (8.7)
代　替　型	75 (73.5)	19 (18.6)	5 (4.9)	3 (2.9)
全　　體	124 (45.6)	107 (39.3)	24 (8.8)	17 (6.3)

資料來源：同圖表6-7，21頁。

圖表6-10　按類型比較勞資協議和團體交涉的關係（勞工方面的見解）

（單位：個，％）

關係的類型	只要勞資協議就夠	可望與團體交涉互相彌補	希望分開運營	有團體交涉就夠
分　　離　　型	19 (28.8)	33 (50.0)	11 (16.7)	3 (4.6)
連　　結　　型	24 (23.8)	59 (58.4)	12 (11.9)	6 (5.9)
代　　替　　型	31 (32.0)	50 (51.6)	6 (6.2)	10 (10.3)
全　　　　體	74 (28.0)	142 (53.8)	29 (11.0)	19 (7.2)

資料來源：同圖表6-7，21頁。

　　代替型對於本來就認為屬於團體交涉事項的勞動條件（薪資水準、津貼、獎金、工作時間），勞工參加程度如圖表6-11。從薪資水準和工作時間兩大勞動條件來看，有60％表同意，但對津貼、獎金而言，是不到60％。勞資雙方尚未達到共同決定。

圖表6-11　代替型的情形：有關薪資及勞動條件及勞工參與的程度

項　　　目	勞工參與的程度				
	同　　意	協　　商	聽取意見	說　　明	不　處　理
薪資的標準	64 (62.7)	26 (25.5)	9 (8.8)	3 (2.9)	－
津貼的標準	58 (56.9)	28 (27.5)	9 (8.8)	7 (6.9)	－
勞動時間	64 (62.7)	27 (26.5)	6 (5.9)	4 (3.9)	1 (1.0)

資料來源：同圖表6-7，25頁。

四　結　　語

　　以上筆者就韓國企業階層的勞資關係制度，提出團體交涉和勞資協議的制度，來論述其歷史和現狀。

　　韓國的勞資協議制度，雖和日本不同，卻和德國同樣都是依法律來制定設立依據。雖然制定的依據不一樣，但是此制度於韓國的勞資關係和團體交涉並列，扮演著重要的角色，這點則和日本相同。在本章對此兩個制度的概要和特質相信已做了大概的說明。

❶　有關韓國的團體交涉問題（至1990年左右）請參照：⑴韓國經營者總協會編，《勞動經濟40年的歷史》，韓國經營者總協會出版，1989年，69–75頁。⑵李元雨，〈韓國的團體交涉制度和勞資協議制度〉，佐護譽／韓義泳，《比較日韓的企業經營和勞資關係》，泉文堂出版，1991年，第8章。

❷　同上列書，第8章。

❸　韓國經濟團體協議會，《98年團體協定締結指南》，經濟團體協議會，1998年，314頁。

❹　同上列書，350頁。

❺　同上列書，283–284頁。

❻　韓國經營者總協會編，《勞動經濟年鑑》（1995年版），71頁。

❼　同上書，71頁。

❽　朴德濟／朴基性，《韓國的勞工工會(II)》，韓國勞動研究院出版，1990年，101頁。

❾　金廷翰，《關於團體交涉實情之研究》，韓國勞動研究院出版，1997年6月，69頁。

❿　勞動部編，《全國勞工工會組織現況》，1996年，6頁。

⓫　金廷翰，同上列書，70頁。

⓬　《國外勞動時報》，日本勞動研究機構，1998年5月特刊，3頁。

⓭　韓國生產力本部編，《主要先進國的勞資關係和韓國勞資關係制度之研究》，韓國生產力本部出版，1990年，128–129頁。

⓮　金廷翰，同上列書，53頁。

⑮　關於這一點，請參照下列書：佐護譽／李元雨，《韓國勞資協議制度之變遷
　　與現狀》。

⑯　九州產業大學，《經營學論文集》，第三卷第四號，1993年，70頁。

⑰　同上列論集，73–74頁。

⑱　同上列論集，76頁。

⑲　《勞資協議會運營實情及有關生動化方案之調查研究》，韓國勞動教育院，
　　1996年，50頁。

⑳　韓國經營者總協會，《勞動經濟年鑑》（1997年版），226頁。

㉑　關於「6・29民主化宣言」之後頻頻發生的勞資糾紛請參考如下。佐護譽／
　　文尚鎬，〈韓國的工會〉，九州產業大學編，《經營學論文集》，第二卷第三
　　號，1992年。

㉒　根據 S 集團經濟研究所的調查結果（1991年10月）。

〔附註〕在寫本章時，受到李元雨博士（韓國、崇實大學校經商大學
教授，勞資關係大學院長，前韓國人事管理學會長）很大的幫忙。謹
表謝意。

第七章　韓國的工資體制

一　前　言

在第四章曾提過有關日本在進入1990年代之後，尤其是泡沫經濟崩潰（1991年春）之後，「由年功主義轉變成能力主義」的想法愈來愈強烈，年功工資正急速地演變成職能薪或年薪制。

然而，年功工資被認為是特殊的日式制度，有關工資體系的字眼也是如此。這在歐美與日本比較時才可說是正確吧！但是，韓國和日本互相比較之下，就不能這麼說了。因為，即使是和日本一樣都屬儒教文化圈，也屬於漢字文化圈的韓國，也存在著年功工資，而工資體系這個字眼也廣泛地被人使用。這樣的韓國也進入1990年代之後就產生了「由年功工資轉變成職能薪資」的巨大變化。另外，從1994年左右開始，年薪制也引人所注目。

因此，在本章舉出韓國的工資制度，論說這段歷史與現狀。關於工資體系，在此舉出年功工資，和年功工資的決定方法成相對性的職務薪，擁有前面兩者折中性質的職能薪，以及年薪制，透過這些具體的內容，希望能表明韓國的工資制度的特質。

二 工業化初期的工資體系

據說，在第二次世界大戰前後的工業化初期階段，韓國企業的工資體系非常的複雜。❶「京紡」在解放（1945年）前已經設立了基本薪之外的津貼。1940年代初新設立的津貼，可說是受了日本的「工資統制令」影響的結果。亦即，依照工資統制令對低薪者作補償為目的。

第二次世界大戰爆發後，日本在各個領域實行財政緊縮，並施行了「公司財會業務統制令」。據說，企業依據這個統制令，不能自動地提高工資，而為了不抵觸這條法令，開始以變相的型態發津貼給員工（只有白領階級）。❷如此在解放以前，雖然津貼制度已經存在了，但仍未到達普及化的程度。

1950年代的三個舊電力公司（電業、京電、南電）在被稱為本薪及工資的基本薪之外，還設了許多種類的津貼。「電業」所發的津貼多達十七種。另外，在「京電」，比照津貼所發的獎勵金、全勤獎金等包括在內，也有十三種；「南電」則有十一種，各自設立津貼。❸

東亞製藥的工資體系自1966年開始便依據年功制，由基本薪、生活津貼及職務津貼所構成。另外，金星公司在1966年時也支付了十種的津貼。然而，這些津貼針對於基本薪，占了多少比例是不清楚的。不過，由大約在1980年代實施的幾個調查結果看來，工資總額中津貼所占的比例相當高（圖表7-1）。由此判斷，可推測在此之前的津貼比例一定更高。

圖表7-1　各津貼所占基本薪之比率

(單位：%)

項　　　　　　　目	基本薪	各　津　貼	合　　　計
⑴大韓漢城商工會議所(1976)	74.3	25.7	100.0
⑵姜正大(1979)	64.9	35.0	100.0
⑶崔東圭(1982)	68.1	31.9	100.0
⑷朴乃曾(1983)	75.0	25.0	100.0
⑸勞動部(1989)	76.2	23.8	100.0

資料來源：⑴大韓漢城商工會議所，《有關企業工資制度之實情調查報告》，
1977年8月，8–9頁。
⑵姜正大，〈有關韓國企業工資體系類型之研究〉，《省谷論叢》第11
號，省谷學術文化財團，1980年，525頁。
⑶崔東圭，〈工資體系及支付形態之改善〉，漢城大學經濟研究所，
《韓國工資之政策課題與制度改善研究》，1983年2月，206頁。
⑷朴乃曾，〈韓國企業工資體系之現況與改善方案〉，《經商論叢》西
江大經濟、經營研究所，1984年3月，99頁。
⑸韓國勞動部，《工資、勤務時間制度綜合調查報告書》，1989年，
25頁。

　　還有，大約在1960年代，大企業以統一支薪方式，一邊維持著轉
變為生活薪體系的年功制職階薪，也儘量地保留不重新修改基本薪。
以代替方式，依據各種津貼（生活、物價、家族津貼等），和具有一
種恩惠薪性質的名叫「名節」（新年、中秋）的餅費、紅利等等的支
付項目，來支付複雜而多樣型態的工資。勞工工會甚至主張全部的
「生活薪」、「生活保障薪」，而草率地要求提高工資到100％、
200％，結果形成了可稱得上是奇異的工資體系了。❹

三　年功工資之確立

　　有關韓國在何時成立年功工資，由於受限於資料，無法明確地說

明；一般而言，應該是在韓國產業資本形成且開始發展之後。(第二次世界大戰之後，特別是韓國經濟開始急速成長的1960年代。) ❺

以東方的家長思想為基礎，為了補充隨著年齡而增大生活費的必要性，所以引用年功工資，據說就此固定下來。另外，對於韓國年功工資的形成也被指出是受到日本的影響。曾屬於日本殖民地下的韓國，在各個領域中都受到日本很大的影響，連工資體系都不例外。

依據韓國最早正式的工資實態調查之韓國銀行的《工資基本調查報告書》(1967年) 可知「韓國的工資型態是年齡及工作年資愈大，工資水準也就愈高的年功型工資制度。像這樣的工資、年齡和工作年資的相關關係，雖然會因產業、性別及員工的種類而多少有差異，一般而言，對於任事務職者最明顯，女性或任生產職者，就會隨著年齡增加而多少變弱，顯示出效率薪的側面」。 ❻ 由此報告書可以判斷1960年代前期，年功工資就已經設立了。 ❼

1971年10月所舉辦的有關工資體系的調查❽也可以明白韓國的工資是年功制的。同一個調查中，將工資體系 (也稱為工資型態) 區分成「年功薪型」及「年功制、職務及能率薪的不合理型」二種作調查。後者似乎意味著所謂的綜合薪體系。前者占了45.3％，後者占了41.5％，其他則占了13.2％。由此可知年功是很重要的因素。

另外，根據1991年度的調查， ❾ 事務職方面，工作薪19.8％，屬人薪25.6％，綜合薪占了54.6％，綜合薪的比率是最高的。考量在綜合薪中也包含相當比率的年功因素的話，年功工資體系可說是占了絕大多數，而生產職方面也大約如此。

據以上的資料，可推測引進職務薪之前，是由依年齡及工作年資來決定的年功工資體系所左右的。 ❿

然而，成為年功工資成立的指標在於定期晉薪制度的引進及建

立。這個制度是在1960年代中期左右開始引進的。韓國電力公司在
1964年3月16日將常用員改稱為雇員，並引進了定期晉薪制度。另
外，金星公司在1965年10月25日制定了薪律提升基準，定每年9月1日
為定期晉薪日，以「厚下薄上」的原則為基礎實施晉薪。❶

圖表7-2　不同年齡與階級工資差距的變化

(20–24歲： 100)

年齡層 年度	17歲 未滿	18 | 19	20 | 24	25 | 29	30 | 34	35 | 39	40 | 44	45 | 49	50 | 54	55 | 59	60歲 以上
1979	63.9	77.0	100.0	169.9	218.9	239.5	244.1	254.6	274.5	289.3	–
1985	65.8	77.0	100.0	168.9	215.6	235.9	243.1	250.0	271.1	293.4	–
1986	71.0	81.4	100.0	152.0	195.0	217.2	225.0	223.3	234.9	237.1	266.4
1987	70.6	83.7	100.0	145.9	185.6	207.5	215.2	216.0	224.3	236.5	270.3
1988	72.2	83.5	100.0	143.4	177.4	199.1	205.7	206.3	212.3	211.8	222.4
1989	72.1	84.0	100.0	140.2	170.7	188.9	184.6	190.8	186.7	184.9	190.1
1990	70.2	83.3	100.0	138.9	168.4	182.6	185.9	184.4	178.4	171.4	174.3

（註）常用勞工十人以上的企業（全職種、男女合計）工資為定額＋超過給付
　　　額（月給付額＝月間定期給付）。
資料來源: 韓國勞動部，《不同職種工資實情調查報告書》，各年度版作成。

依據1991年的調查，❷定期晉薪制度的普及率為： 事務職
84.5％，生產職81.2％。定期晉薪的時期以3、4月居多，也有企業在1
月份實施。另外，一般而言定期晉薪的型態，未經審核就自動晉薪，
但是也有依照審核的特別晉薪的制度。但是，在浦項製鐵方面，特別
晉薪者則只有未滿4％的少數。定期晉薪制度在1960年代中期以後，
急速地普及，通常，都是每年晉薪一次。

為了實施定期晉薪，號薪制度的設定是必要的。這個制度是在
1960年代中期左右開始引進的。韓國電力在1964年，東亞製藥在1965

年，金星公司在1966年，韓國玻璃在1969年，都各自將級別薪俸制制度化了。❸

有關工資支付型態，一般都是公司職員為月薪制，工人或生產職是日薪制。韓國玻璃、忠州肥料、韓一水泥在大約1960年代後期開始就將這種工資支付型態制度化了。❹

從以上看來，可以說韓國的年功工資是大約於1960年代時建立的。用圖表7-2及7-3來揭示在年功工資之下愈來愈大的不同年齡工資差距及不同工作年資差距。可以得知工資、年齡及工作年資間有強烈的相關性。

據說日本的年齡別與工資差距和歐美諸國相較之下顯得要大，雖然不可能在同一基準比較，但是韓國在這方面（全職種、男女合計）也實在變得相當大（圖表7-4）。❺

圖表7-3　年齡階層與工資差距的變化

（未滿1年：100）

工作年資 年度	未滿1年	1～2年	3～4年	5～9年	10年以上
1986	100.0	114.2	135.1	180.1	263.4
1987	100.0	112.5	131.4	173.5	255.0
1988	100.0	111.7	130.5	168.0	243.2
1989	100.0	110.6	125.2	157.8	221.5
1990	100.0	112.8	129.7	160.0	217.6

（註）同圖表7-2。
資料來源：韓國勞動部，《不同職種工資實情調查報告書》，各年度版製作。

圖表7-4　不同年齡的工資差距[1]（製造業，男性生產業勞工）

(21～24歲的工資＝100)

年齡階層	日　　本 1990	美　　國 69	英　國[3] 90	前西德 72	法　國 72	義　國 72	韓國[5] 90
未滿18歲	72.0	–	47.7	58.8	70.5	70.5	70.9
18～20歲[2]	86.7	–	75.6	88.1	87.2	88.6	80.7
21～24[2]	100.0	100.0	100.0	100.0	100.0	100.0	100.0
25～29	118.7 ⎫	124.1 ⎫	114.0	105.5	108.8	108.5	126.4
30～34	137.8 ⎬	⎬	122.2	108.0	113.0	111.7	151.8
35～39	154.9 ⎫	122.6 ⎫		108.2	113.9	112.7	172.1
40～44	168.9 ⎬	⎬	125.5	106.9	113.4	111.6	183.1
45～49	177.8 ⎫	122.6 ⎫		105.4	111.6	111.0	184.6
50～54	174.4 ⎬	⎬	116.4	103.0	109.9	110.2	179.7
55～59	157.9 ⎫	115.6 ⎫		99.8	106.6	109.3	171.7
60歲以上	116.7 ⎬	⎬	103.1[4]	95.9	102.5	101.2	175.6

(註) (1)工資在日本指每個月規定給付，在美國指每週實領工資，在英國指每
週實領工資，在前西德、法國、義國，指生產業勞工每小時的實領工
資，職員（管理、事務、技術勞工）是指每個月的實領工資。在韓國
是指每個月定期給付。

(2)18～20歲一欄指日本而言，在韓國為18～19歲。21～24歲一欄亦指日
本，美國、韓國為20～24歲。

(3)全產業。

(4)60～64歲。

(5)全職種。

資料來源：日本：勞動省，《1990年工資構造基本統計調查》。

　　　　　美國：商務部，*Current Population Survey*。

　　　　　英國：雇用部，*New Earnings Servey* 1990。

　　　　　前西德、法國、義大利為 EC, *Structure of Earnings in Industry*
1972。

　　　　　韓國：韓國勞動部調查。

　　　　　（勞動大臣官房國際勞動課編著，《海外勞動白書》(1992年版)，日
本勞動研究機構，1992年）

圖表7-5A　1991年度薪俸表（A公司）（總表）

（單位：won）

號薪	部長(1A)	次長(1B)	課長(2A)	代理(2B)	大學畢(男)(3A)	大學畢(女)(3AW)	專科畢(男)(3B)	專科畢(女)(3BW)	高中職畢(男)(3C)	高中職畢(女)(3CW)	特殊職(4A)	技術長(5A)
職責津貼	110,000	90,000	70,000	50,000								50,000
1	☆1,077,000	☆915,000	☆797,000	☆665,000	507,000	☆450,000	☆430,000	☆360,000	☆413,000	☆320,000	460,000	☆676,000
2	1,097,000	933,000	813,000	679,000	515,000	459,000	437,000	368,000	419,000	327,000	468,000	689,000
3	1,117,000	951,000	829,000	693,000	523,000	468,000	444,000	376,000	425,000	334,000	☆476,000	702,000
4	1,137,000	969,000	845,000	707,000	531,000	477,000	451,000	384,000	437,000	341,000	484,000	715,000
5	1,157,000	987,000	861,000	721,000	☆540,000	486,000	458,000	392,000	446,000	348,000	492,000	728,000
6	1,177,000	1,005,000	877,000	735,000	560,000	495,000	465,000	400,000	455,000	355,000	500,000	741,000
7	1,197,000	1,023,000	893,000	749,000	571,000	504,000	☆480,000	408,000	464,000	362,000	508,000	754,000
8	1,217,000	1,041,000	909,000	763,000	582,000	513,000	490,000	416,000	473,000	369,000	516,000	767,000
9	1,237,000	1,059,000	925,000	777,000	593,000	522,000	500,000	424,000	482,000	376,000	524,000	780,000
10	1,257,000	1,077,000	941,000	791,000	604,000	531,000	510,000	432,000	491,000	383,000	532,000	793,000
11	1,277,000	1,095,000	957,000	805,000	615,000	538,000	520,000	439,000	498,000	390,000	540,000	806,000
12	1,297,000	1,113,000	973,000	819,000	626,000	545,000	530,000	446,000	505,000	397,000	548,000	819,000
13	1,317,000	1,131,000	989,000	833,000	637,000	552,000	540,000	453,000	512,000	404,000	556,000	832,000
14	1,337,000	1,149,000	1,005,000	847,000	648,000	559,000	550,000	460,000	519,000	411,000	564,000	845,000
15	1,357,000	1,167,000	1,021,000	861,000	659,000	566,000	560,000	467,000	526,000	418,000	572,000	858,000
16					666,000		566,000		533,000		580,000	871,000
17					673,000		572,000		540,000		588,000	884,000
18					680,000		578,000		547,000		596,000	897,000
19					687,000		584,000		554,000		604,000	910,000
20					694,000		590,000		561,000		612,000	923,000
21					701,000		596,000		568,000		620,000	
22					708,000		602,000		575,000		628,000	
23					715,000		608,000		582,000		636,000	
24					722,000		614,000		589,000		644,000	
25					729,000		620,000		596,000		652,000	
26					736,000		626,000		603,000			
27					743,000		632,000		610,000			
28					750,000		638,000		617,000			
29					757,000		644,000		624,000			
30					764,000		650,000		631,000			
31							656,000		638,000			
32							662,000		645,000			
33							668,000		652,000			
34							674,000		659,000			
35							680,000		666,000			
36							686,000		673,000			
37							692,000		680,000			
38							698,000		687,000			
39							704,000		694,000			
40							710,000		701,000			

（註）☆表示軍畢（服完兵役）基準初任給（未軍〔兵役未完〕或免除者：二號薪；防衛軍〔服畢短期兵役〕：一號薪）

構成：基本給（65%），時間外津貼（35%）

資料來源：A公司內部資料。

圖表7-5B　1990年度薪資表（B公司）（1990.3.1施行）

〔部長級〕　　　　　　　　　　　　〔次長級〕（單位：won）

一　級　（甲）				一　級　（乙）			
號薪	基本薪	時間外 津　貼	計	號薪	基本薪	時間外 津　貼	計
1	1,111,000	242,000	1,353,000	1	993,500	214,500	1,208,000
2	1,102,500	240,500	1,343,000	2	985,000	213,000	1,198,000
3	1,094,000	239,000	1,333,000	3	976,500	211,500	1,188,000
4	1,086,000	237,000	1,323,000	4	968,500	209,500	1,178,000
5	1,077,500	235,500	1,313,000	5	960,000	208,000	1,168,000
6	1,069,000	234,000	1,303,000	6	951,500	206,500	1,158,000
7	1,056,000	231,500	1,288,000	7	939,000	204,000	1,143,000
8	1,044,000	229,000	1,273,000	8	926,500	201,500	1,128,000
9	1,031,500	226,500	1,258,000	9	914,000	199,000	1,113,000
10	1,019,000	224,000	1,243,000	10	901,500	196,500	1,098,000
11	1,006,500	221,500	1,228,000	11	889,000	194,000	1,083,000
12	981,500	216,500	1,198,000	12	868,500	189,500	1,058,000
13	956,500	211,500	1,168,000	13	847,500	185,500	1,033,000
14	931,500	206,500	1,138,000	14	826,500	181,500	1,008,000
15	906,500	201,500	1,108,000	15	806,000	177,000	983,300

圖表7-5C 1990年度薪資表（B公司）

〔課長〕　　　　　　　　　　　　　　　　　　〔課長〕（單位：won）

二 級 （甲）				二 級 （乙）			
號薪	基本薪	時間外津貼	計	號薪	基本薪	時間外津貼	計
1	901,000	192,000	1,093,000	1	837,500	175,500	1,013,000
2	892,500	190,500	1,083,000	2	829,000	174,000	1,003,000
3	884,000	189,000	1,073,000	3	821,000	172,000	993,000
4	876,000	187,000	1,063,000	4	812,500	170,500	983,000
5	867,500	185,500	1,053,000	5	804,000	169,000	973,000
6	859,000	184,000	1,043,000	6	796,000	167,000	963,000
7	846,500	181,500	1,028,000	7	783,500	164,500	948,000
8	834,000	179,000	1,013,000	8	771,000	162,000	933,000
9	821,500	176,500	998,000	9	758,500	159,500	918,000
10	809,000	174,000	983,000	10	746,000	157,000	903,000
11	796,500	171,500	968,000	11	733,500	154,500	888,000
12	776,000	167,000	943,000	12	716,500	151,500	868,000
13	755,000	163,000	918,000	13	700,000	148,000	848,000
14	734,000	159,000	893,000	14	683,500	144,500	828,000
15	713,500	154,500	868,000	15	666,500	141,500	808,300

圖表7-5D　1990年度薪資表（B公司）

〔大學畢業（男）〕　　　　　　　　〔大學畢業（女）〕（單位：won）

三　　級　　（乙-Ⅰ）				三　　級　　（乙-Ⅱ）			
號薪	基本薪	時間外津貼	計	號薪	基本薪	時間外津貼	計
1	637,500	127,500	765,000	1	527,500	105,500	633,000
2	629,500	126,000	755,000	2	521,500	104,500	626,000
3	621,000	124,000	745,000	3	516,000	103,000	619,000
4	612,500	122,500	735,000	4	509,000	102,000	611,000
5	604,000	121,000	725,000	5	502,500	100,500	603,000
6	596,000	119,000	715,000	6	496,000	99,000	595,000
7	583,500	116,500	700,000	7	487,500	97,500	585,000
8	571,000	114,000	685,000	8	479,000	96,000	575,000
9	554,500	111,000	665,000	9	466,500	93,500	560,000
10	537,500	107,500	645,000	10	454,000	91,000	545,000
11	512,500	102,500	615,000	11	441,500	88,500	530,000
12	487,500	97,500	585,000	12	421,000	84,000	505,000
13	454,000	91,000	545,000	13	400,000	80,000	480,000
14	421,000	84,000	505,000	14	375,000	75,000	450,000
15A	391,500	78,500	470,000	15	350,000	70,000	420,500
15	373,500	74,500	448,000				

圖表7-5E 1990年度薪資表（B公司）

〔高中畢業（男）〕 〔高中畢業（女）〕（單位: won）

三 級 （乙-1）				三 級 （乙-1）			
號薪	基本薪	時間外津貼	計	號薪	基本薪	時間外津貼	計
1	464,000	93,000	557,000	1	341,500	68,500	410,000
2	459,000	92,000	551,000	2	336,500	67,500	404,000
3	454,000	91,000	545,000	3	331,500	66,500	398,000
4	449,000	90,000	539,000	4	325,000	65,000	390,000
5	444,000	89,000	533,000	5	318,500	63,500	382,000
6	439,000	88,000	527,000	6	311,500	62,500	374,000
7	434,000	87,000	521,000	7	305,000	61,000	366,000
8	429,000	86,000	515,000	8	296,500	59,500	356,000
9	424,000	85,000	509,000	9	288,500	57,500	346,000
10	419,000	84,000	503,000	10	280,000	56,000	336,000
11	414,000	83,000	497,000	11	271,500	54,500	326,000
12	408,500	81,500	490,000	12	255,000	51,000	306,000
13	402,500	80,500	483,000	13	246,500	49,500	296,000
14	396,500	79,500	476,000	14	238,500	47,500	286,000
15	391,000	78,000	469,000	15	230,000	46,000	276,300
16	385,500	77,000	462,000				
17	378,500	75,500	454,000				
18	371,500	74,500	446,000				
19	365,000	73,000	438,000				
20	358,500	71,500	430,000				
21	351,500	70,500	422,000				
22	341,500	68,500	410,000				
23	331,500	66,500	398,000				
24	321,000	64,000	385,000				
25	310,000	62,000	372,000				
26	301,500	60,500	362,000				

資料來源: B公司內部資料。

　　韓國的年功工資表的事例以圖表7-5A～7-5E表示。如同圖表
7-5B～7-5E所顯示，對於白領階級的薪資是由基本薪及時間外津貼
所構成。後者是視時間以外的勞動為工作，不管有沒有做，都一律依
不同等級、不同號薪來支付。這一點可說是極為重要的特徵。

四　職務薪的引進

　　職務薪於韓國登場是在1960年代。❶這是當時為了人事勞務管理
的合理化由先進國，特別是美國介紹了各式各樣的管理技法，而作為
其中之一項，職務分析、職務評估的技術就被引進來了。

　　為了設定職務薪，職務分析、職務評估是必要的。為此，韓國在
1960年代，許多的企業開始嘗試職務分析。

　　職務分析從1963年到翌年64年在韓國電力初次實行，1965年，該
公司初次實施了職務分類制度。該公司的職務分類制度是作為採用、
配置、變動、升遷及工資的基礎資料作運用，而職務薪於1967年被引
用。

　　忠州肥料公司也是在1963年9月開始引用職務薪制度，由此可以
看出約在1960年代初期就已經實行職務分析了。

　　金星公司在1966年2月制定了職務評價委員會的規定。以此為基
礎組織了職務評估委員會，為了職務分析準備作業也已在進行。於
是，同年6月至8月實施了職務分析。

　　油公在1967年組織了全公司性的職務分析委員會，還作成了職務
記述書及職務明細書。1973年再次實施職務分析，以此為基礎將全部
的職務區分成一般職和基幹職，實施職務評估。

　　浦項製鐵為了引進職務薪及不同工程之定額管理，在1971年9月

20日組織了職務分析班，實施了為期五個月的第一次職務分析作業。結果，確定了三職掌、十四職群、十六職列、五百四十四職務。第二次職務分析從1973年3月5日起為期四個月繼續進行。這時候調整成為四職掌，二十二職群，六十七職列，三百九十一職務。第三次職務分析在1974年9月1日實施，職務數目再調整為四百一十八。然後，第四次職務分析是從1975年1月開始實施了八個月，職務數目也調整為四百四十六。

第一製糖在1972年6月3日為了職務分析的新編專從班，致力於職務分析作業。同年8月22日完成了職務記述書，分類成四職掌、十四職群、十六職種、一百五十九職務。

由上述看來，韓國的職務分析最初是在1960年代前半期由國營企業著手，1960年代後半期普及於民間企業。於是，以職務分析為基礎，引進了職務薪制度。

1960年代引進職務薪的企業可舉出：忠州肥料（1963年），金星公司（1966年），韓國電力（1967年），油公（1967年）等等。另外，在1970年代，引進職務薪的企業有浦項製鐵（1971年），東亞製藥（1973年），韓國輪胎（1973年），金星電線（1973年），湖南精油（1979年）等。

最初引進職務薪的忠州肥料，自1958年到1963年都是採用以年功制為基礎的單一號薪體系，但同年9月起引進了一部分的職務薪。觀其內容，本薪是由職務薪及基本薪組成，基本薪是由年齡給付、年資給付、經歷給付、學歷給付所構成，雖說是職務薪，倒不如說是綜合決定薪的工資體系。

金星公司從1966年6月到8月實施職務分析，並以其結果為根基，引進了職務薪。在此之前，該公司之工資支付方式是以工作年資為基

準的年功加薪制。後來經修正、補齊這個方式，實施了新的職務薪制度。1968年11月開始著手改善薪資制度，經過約二年的作業時間，採用了加進年功的職務薪。

湖南精油引進一部分以年功薪為基礎的範圍職務薪。❼

韓國電力於1963年8月開始作職務分析，於翌年1964年10月完成。根據其結果為基礎，作成關於決定職務分類及職務評估的方法之試案。然後，從1967年3月開始實施職務體系的改編作業，將年功制為中心的資格薪改變為職務薪。當時的工資體系的轉變即如圖表7-6。然而，職務薪制沒有成功，1977年，就停止對一般職採行此法，只對技能職繼續採用。

另外，於1971年引進職務薪的浦項製鐵，先適用於技能職職員（生產職），之後於1973年擴大適用於全體職員。同時，從1973年起有關職務分析、職務評估制度的研究也就更加推展，而1987年就對技術、事務職適用不同職級單一職務薪(single rate)，對監督職適用範圍職務薪(range rate)。

浦項製鐵的舊薪俸體系，在1982年以後，由基本薪、職務薪及能率薪的三個基本部分所構成。具體來看，技術、事務職（基幹職）的薪俸體系的變遷，即如同圖表7-7。在此表中可看出，基本薪是比照不同職級、不同薪俸級定額體系，而職務薪在初期是以職責津貼的形式來運用，但之後從1971年起才變更為不同職務等級的定額體系。當時，對於五至七級適用範圍職務薪，四級以上則適用單一職務薪。能率薪則於1982年由不同職級、不同等級的定額體系轉變成五項的不同等級定率體系。

圖表7-6　韓國電力的薪資體系轉變

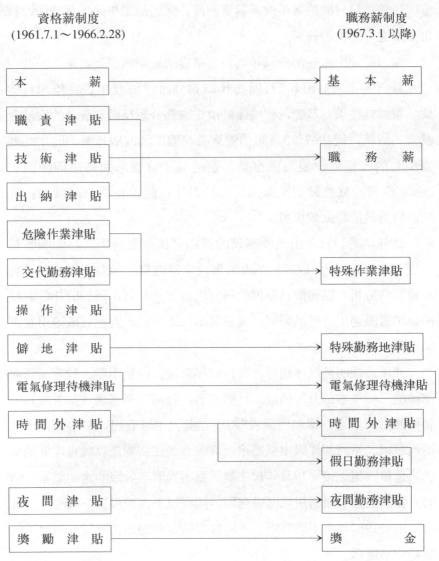

資料來源：李奎昌，《企業工資體系之改善方向》，大韓商工會議所，1986年，
　　　　　88頁。

圖表7-7　浦項製鐵薪俸體系之變遷

年度 項目	1970～	1971～	1974～	1982～	1983～	1987～90
基本薪	不同職級、薪俸之定額					
職務薪	職責 津貼	職務等級別政策				1-65 等級 單一職務等級
能率薪	建設 獎勵 津貼	等級 定額	不同職級、等級之定額	五項不同等級之定率		
基準工資	基本薪＋職務薪			基本薪＋職務薪＋能率薪		

資料來源：崔鍾泰，《鐵鋼產業之人事制度——POSCO職級體系研究》，漢城大學出版部，1990年，118頁。

　　在浦項製鐵職務薪制保持了二十年的時間，於1990年變更為職能薪。[18]

　　職務薪在1960年代後期到1970年代被許多企業所引進，[19] 然而幾乎都歸於失敗，於是就變成了只在傳統的年功工資裡編入部分的職務薪而已了。

　　韓國的職務薪無法固定下來的理由可能有下列因素。[20]

　　第一，實行職務之標準化、規格化、客觀化的基盤沒有整頓好。就是說，要成立職務薪最重要的基礎，就是建立職務概念不足夠。

　　第二，要引進職務薪，需以職務分析與職務評估為其前提，而這個前提條件並非十分完整。

第三，雖然年功制的傳統還強烈地存在著，並不去考慮人為的一面，全靠職務的（相對的）價值來決定工資之職務薪本來就有界限。就是說，重視年齡及工作年資的尊重年功之意識成為固定職務薪的障礙。

第四，為了引進職務薪，應以達到可以維持勞動者最低生活的工資水準作為前提，而此前提條件有所欠缺。

第五，在職務薪的制度下並不依據年齡、工作年資而依據升級、晉升來實行晉薪，要脫離低工資是很困難的。因此在工資水準偏低的韓國，不予考慮生活費的職務薪便無法固定下來。

把第一和第二項當成職務薪存在的技術性條件的話，第三項則是社會性條件，第四和第五項可說是經濟性條件吧！在韓國，這些條件中的任何一個若不是很足夠，就是有所欠缺。

於是，自1960年代到1970年代所引進的職務薪，除了一部分的技能職之外，都變成具有職務津貼一般的性質。所以，可將職務和擔任者之關係有機地連結起來的工資體系，也就是說把年功工資的優點加以發揮，一面也要探討能夠彌補職務薪問題焦點及界限的工資體系。

五　1980年代的工資體系
── 年功工資的一般化及工資體系的複雜化

在1980年代的韓國，從各式各樣的資料看來，可以知道，年功（次序型）工資體系，特別是以工作年資為中心的典型年功工資體系維持到了今天。然而，在1980年代前期，並非只有自動晉薪，而考核晉薪或考核獎金也產生某些程度的作用。因而，雖說是年功工資，因

人事考核而產生工資差距的企業也有不少。而且，基本薪的比例偏低，各種津貼比例反而高。看看基本薪及各種津貼的比例，1980年為65％對35％，1983年為68.1％對31.9％，1984年則變成75％對25％。❷另外，根據某調查報告，各津貼的種類竟多達一百三十三種。❷

自1987年中期左右開始，韓國的工資體系變得更為複雜。以1987年的「6‧29民主化宣言」為契機，勞動工會的組織化開始急速地進行。

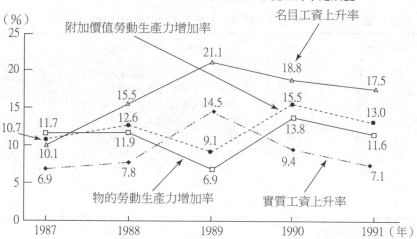

圖表7-8　工資、勞動生產性的不同年度上升率之演變

（註）1991年的勞動生產性增加率是指到四分之三分期為止的累計平均。
資料來源：韓國勞動部《每月勞動統計調查報告書》（韓國經營者總協會，《勞動經濟年鑑》（1992年版），174頁）。

隨著勞動工會的急增，大型勞資紛爭也激增起來。❷在這種狀況之下一直受到低工資壓抑的勞動者，及勞工工會強烈地要求，因為這個壓力實施遠超出勞動生產性的大幅度的工資提升（圖表7-8）。即

使和其他的NIES相比，韓國的工資上升率還是很顯著（圖表7-9）。

企業則儘量壓制基本薪的比率，相對地，新設了各種津貼，或提高獎金等措施，以對症下藥的方式應對工資上漲。結果造成韓國的工資體系失去了年功工資的優點，變成了沒有原則的體系。

就這樣地韓國工資體系，以1987年的「6‧29民主化宣言」為契機，加速了其複雜性，而且高工資水準成了削減國際競爭力的主要原因，對於經濟成長也有很深的影響。❷

除了工資體系的複雜性，實施考核晉薪及考核獎金的支付幾乎是固定而一律實施，如此一來，對於勞動者的刺激功能就喪失殆盡。

圖表7-9　各國工資上升率（製造業每小時實收工資）之演變

國家或地域名	1981	82	83	84	85	86	87	88	89
日　　　本[(1)]	5.6	4.6	3.0	3.8	3.1	1.5	1.7	4.5	5.7
美　　　國	9.8	6.3	3.9	4.1	3.8	2.1	1.8	2.8	2.9
英　　　國[(2)]	13.3	11.2	9.0	8.8	9.1	7.7	8.1	8.5	8.8
舊　西　德	5.3	4.9	3.3	2.4	4.4	3.6	4.2	4.4	4.1
法　　　國[(3)]	14.5	15.3	11.2	7.7	5.7	3.9	3.2	3.0	3.8
韓　　　國[(1)]	20.1	14.7	12.2	8.1	9.9	9.9	11.6	19.6	25.1
新　加　坡	16.5	10.4	10.9	10.5	8.0	0.9	3.6	6.8	11.9
臺　　　灣[(1)]	18.7	9.7	6.3	9.4	4.3	6.6	9.9	10.9	14.6
香　　　港[(4)(5)]	15.6	38.6	10.0	13.3	9.1	8.2	−12.2	14.7	11.4

（註）(1)每月工資。
　　　(2)每週工資。
　　　(3)調查產業計時工資比率。
　　　(4)每小時工資比率。
　　　(5)除了公務、農業外之全產業。
資料來源：OECD *Historical Statistics*及各國資料（勞動大臣官房國際勞動課編
　　　　　著，《海外勞動白書》(1992年版)，日本勞動研究機構，1992年）。

如上述，1987年的民主化宣言以後，工資體系變得更加複雜，也

有人指出，缺乏一貫性的原因是對於政府的「1位數」工資抑制政策，企業界以變相的形式新設、增加各種津貼或獎金。❷這些因素複雜地起作用，工資體系的更加複雜起來，而企業的人事費的負擔也急速增加。

六 1990年代前半期的工資體系
——職能薪、年薪制的引進

1.職能薪

如上述，以往的韓國工資體系，並非以一定的原則作基礎組織而成，而是不合理的體系。另外，年功次序型工資早已固定，對於勞動者就缺乏了刺激功能。

進入1990年代後，就以鋼鐵業及電子業為中心，開始嘗試引進職能薪來取代年功工資。浦項製鐵在1990年，韓國電子在1991年，各自引進了職能薪體系。❷除此以外，也有許多大企業為了引進職能薪正在進行準備作業。

在此介紹二個職能薪的實例。

〔實例一〕 浦項製鐵的職能薪體系

在韓國最早引進職能薪體系的企業是浦項製鐵。其引進方式是排除以往發薪體系中存在的依學歷來區別的因素，並縮小學歷上的薪俸差距，而志在工資體系中加強能力主義。❷以下，我們首先依據浦項製鐵的內部資料（引進時間：1990年）具體地看看它的工資體系。

(1)工資制度概要

浦項製鐵在1990年，工資體系由職務薪體系轉變為職能薪體系。浦項製鐵成為在韓國的製造業中最早引進職能薪的企業。工資制度新訂的內容如圖表7-10。如圖表所示，新工資體系的基本部分是由基本薪及職能薪所構成。

基本薪以年功為基礎，成了單一號薪制度。單一號薪制度是無關乎職位、職級及學歷，對全體員工都能適用於同一項的號薪表的薪俸制度。因而，除了進入公司時最初的號薪等級的差距外，在基本薪中並不會產生差距。

圖表7-10　新舊工資制度之比較（浦項製鐵）

〈舊工資體系〉

基本薪	不同職級，初級號薪（大學畢業） 不同職級，相對號薪（高中畢業）
職務薪	單一職務薪資（大學畢業） 範圍職務薪資（高中畢業）

←

〈新工資體系〉

基本薪	單一號薪級制度（通用）	←年功報酬
職能薪	職能薪制（通同）	←職能報酬

基本薪部分是依照工作年資所規定的年功薪（工作年資薪）部分。

職能薪是對於職能（完成職務之能力）的報酬。在職能薪中，因為是視員工每個人完成職務能力之程度及工作的實際業績的評估結果為基礎來決定工資，即使是擔任同一職務，在每個人之間還是會產生差距。在職能薪部分，透過職能的程度及達成度的評估使薪資個別化為其目標。

⑵工資體系的構成

構成浦項製鐵的工資體系主要的工資項目有：①基本薪、②職能薪、③各類津貼、④獎金以及⑤退休金。有關更詳細的工資項目之構成、適用方法及構成比率，請看圖表7-11、7-12、7-13、7-14，另外，基本薪表及職能薪表，請看圖表7-15及7-16。

圖表7-11　工資項目的構成（浦項製鐵）

```
                                   ┌── 基本薪
                      ┌─ 基本工資 ─┤
                      │            └── 職能薪
                      │
          ┌─ 每月工資 ┤            ┌── 職務環境津貼
          │           │            │
          │           │            ├── 技術津貼
          │           └─ 基準外工資┤
          │                        ├── 職責津貼
工資 ─────┤                        │
          │                        └── 法定津貼（時間外、休日、夜
          │                            間、年次、月次津貼等等）
          │
          ├─ 月外工資 ── 獎金、特別休假費、冬季津貼、退職金等。
          │
          └─ 附 加 薪 ── 創立紀念日紀念品、職員生日禮物等等。
```

圖表7–12　工資項目的適用方法——基準工資的場合（浦項製鐵）

基　本　薪	職　　能　　薪		職務環境津貼
・全勤薪 ・全體員工單一 （平均10,000 won／年）	職能基礎薪	職能加薪	
	職能等級別定額	依職能評估支付	
構成比率（72%）	（24%）	（2%）	（2%）

⇩　　　　　　⇩　　　　　　⇩

參照圖表7–15 的基本薪表			

職能等級	職能基礎薪
輔　助　職	585,700元
管　理　職	534,900元
副管理職	461,900元
總　管　職	371,000元
主　務　職	265,200元
主　任　職	229,200元
主　事　職	180,900元
技　師　職	138,200元
技　　　員	123,700元
負　責　人	90,900元

職能點×職能單價
職能點：10～20點／年
職能單價：210～330 won
10點：基本加薪
　　　（2,100元）
10點：評估加薪
　　　（0～2,100元）

（註）元（韓元，won）

圖表7-13　職級、職位、職能等級的關係（浦項製鐵）

職　　級	應　　對　　職　　位				職　能　等　級
一　　級	副　所　長 部　　　長	技　　　正			輔　　助　　職
					管　　理　　職
二　　級	次　　　長 課　　　長	助　理　技　正			副　管　理　職
					總　管　職
三　　級	股　　　長 主　　　務	主 任	班 長	一	主　　務　　職
					主　　事　　職
四　　級					主　　事　　職
					技　　師　　職
五　　級				般	技　　　士
					負　　責　　人

圖表7-14　工資項目的構成比率（浦項製鐵）

（單位：％）

職位 （薪俸－級別）　　　　區分	基　準　工　資		基準外 工　資	獎　　金 每月比例	其　　他
	基本薪	職能薪			
部　　長　（1－33）	23.30	21.30	13.28	24.17	17.95
課　　長　（2－26）	24.90	19.54	15.20	24.05	16.31
股　　長　（3－20）	25.71	15.58	21.97	22.36	14.38
主　　任　（3－28）	26.70	11.94	23.99	20.97	16.40
主　　任　（4－25）	27.40	11.33	24.07	20.95	16.25
班　　長　（4－21）	28.03	11.17	23.97	21.23	15.60

四級一般　(4－16)	29.34	11.55	21.96	22.15	15.00
五級一般　(5－9)	29.58	11.14	21.82	22.05	15.41
平　　　　均	26.87	14.19	20.78	22.24	15.92

（註）⑴構成比率是相對於支付總額之比率。
　　　⑵「基準外工資」為職務環境、職責、技術、交代、超時勤務、休日勤
　　　　務、夜間、每月之津貼的總額。
　　　⑶其他為每年津貼、伙食費、家族津貼、冬季津貼、休暇費之總額。

圖表7-15　浦項製鐵的基本薪表（1-45號薪）

（單位：won）

號　薪	金　　　　額	號　薪	金　　　　額
23	458,800	－	－
22	446,400	45	729,600
21	434,000	44	718,300
20	421,600	43	707,000
19	409,200	42	695,700
18	396,800	41	684,400
17	384,400	40	673,100
16	372,000	39	661,800
15	359,700	38	650,500
14	348,600	37	639,200
13	337,500	36	627,900
12	326,400	35	616,600
11	315,300	34	603,300
10	304,200	33	590,000
9	293,100	32	576,700
8	282,000	31	563,400
7	270,900	30	563,400
6	259,800	29	550,100
5	248,700	28	536,800
4	237,500	27	523,800
3	227,800	26	510,200
2	218,100	25	496,900
1	208,400	24	483,600

			471,200

圖表7-16　浦項製鐵的職能薪表

（單位：won）

職　　級	職能等級	職能基礎薪	職　能　加　薪	
			單位價	每年應得分數
一　級	輔　助　職	585,700	460	10～20點
	管　理　職	534,900	460	
二　級	副管理職	461,900	540	
	總　管　職	371,000	540	
三　級	主　務　職	265,200	460	
	主　任　職	229,200	460	
四　級	主　事　職	180,900	400	
	技　師　職	138,200	400	
五　級	技　　士	123,700	360	
	負　責　人	90,900	360	

　　關於工資項目裡的基本薪部分及職能薪部分，請看以下的內容。

　　基本薪是按照工作年資而施行定期升級（晉薪）而成了單一號薪制度。此單一號薪制度，與職位、職級、學歷無關，全體員工都能適用於同一種號薪表。亦即，在單一號薪制度之下，全體職員都能被分等為一號到四十五號的某一個號薪（圖表7-15）。例如，入公司時的最初號薪為，大學畢業職員：九號薪，高中畢業職員：四號薪。之後，除非有特別的理由，跟職級、職能等級、職位無關，每工作一年就往上爬升一號薪。若對於公司發展有顯著貢獻者，則經過規定的審

查後會有定期升號或是特別升號。

職能薪，如圖表7-16所示，由職能基礎薪及職能加薪所構成具備一定的資格要件，而被分於某一職能等級的員工支付職能基礎薪。

這在職能等級別裡被規定為定額。另外，每年都會評估職能（職務完成能力）提升度，依此結果支付職能加薪。職能加薪以「職能單價累積分數」計算。

職能評估每年都會實施，不同的評估集團依照職位、職能等級、職級、各部門所被設定的評估基準來評定職員的職務完成能力之程度。評定方法以絕對評估方式施行。評估標準為「秀、優、美、良、可」五個階段，授與評估者之權衡是，第一次評估者占40％，第二、三次評估者則各占30％。

評估結果，每個人都以職能分數來表示（最低十分，最高二十分），這是在同一等級內的工作期間內被累積管理的。依照每個人的職能分數算出職能加薪。再者，職能單位價如圖表7-16所示，因依據不同的職級加予設定。

圖表7-17　浦項製鐵的基本薪表（1-45號薪）

(1996年，單位：won)

號　　薪	金　　　　　額	號　　薪	金　　　　　額
23	576,800	–	–
22	559,300	45	924,000
21	542,800	44	912,600
20	526,300	43	900,200
19	509,900	42	887,900
18	493,400	41	875,500
17	476,900	40	863,100
16	460,400	39	847,700
15	443,900	38	832,200

14	428,500	37	816,800
13	413,000	36	801,300
12	397,600	35	785,900
11	382,100	34	768,400
10	367,700	33	750,900
9	353,300	32	733,400
8	338,900	31	715,900
7	324,500	30	698,300
6	311,100	29	680,800
5	297,700	28	663,300
4	284,300	27	645,800
3	270,900	26	628,300
2	257,500	25	610,800
1	244,100	24	593,300

圖表7-18　浦項製鐵的職能薪表

(1996年，單位：won)

職 能 等 級	職能基礎薪	職能加薪	
		單 位 價	得　　分
助 理 董 事	1,081,500	820	每次10～
部　長　級	807,500	820	20分
次　長　級	707,600	770	
課　長　級	577,800	770	
代　行　甲	455,300	670	
代　行　乙	401,700	670	
主　務　甲	337,800	620	
主　務　乙	274,000	620	
職員技士甲	254,400	570	
職員技士乙	201,900	570	

　　最後，浦項製鐵從1990年引進職能薪之後，大約過了六年的時間，亦即1996年的基本薪表及職能薪表則如圖表7-17及7-18所

顯示。

〔實例二〕 Kolon商社的職能薪體系

Kolon商社（有限公司）作為新人事制度的一環，於1994年12月廢止了年功工資體系，引進了職能薪體系。其職能薪體系依公司內部資料來檢討。

基本薪是由基礎薪及職能薪所構成，後者是由資格薪及成績薪轉變而成（圖表7-19）。基礎薪是維持公司員工的基本生活安定及年功薪之長處的工資項目，作為單一薪俸級體系適用於全體公司員工（圖表7-20）。基礎薪的原則是每年晉升一號。基礎薪的比率在一般職一級裡占了60％，在最上位的綜合職十級裡成了28％。像這樣地等級愈高，基礎薪的比率就愈少，相反地，職能薪的比率會愈高。

圖表7-19 新工資體系的構成（Kolon商社）

圖表7-20 基礎薪級別表

(1995.2.21，單位：won)

號　薪	基　礎　薪	號薪之間的差距	備　　考
37	476,100	3,700	
36	472,400	3,700	

35	468,700	3,700
34	465,000	3,700
33	461,300	3,700
32	457,600	3,700
31	453,900	3,700
30	450,200	3,700
29	446,500	5,000
28	441,500	5,000
27	436,500	5,000
26	431,500	5,000
25	426,500	5,000
24	421,500	5,000
23	416,500	5,000
22	411,500	5,000
21	406,500	6,500
20	400,000	6,500
19	393,500	6,500
18	387,000	6,500
17	380,500	6,500
16	374,000	6,500
15	367,500	8,000
14	359,500	8,000
13	351,500	8,000

12	343,500	8,000	
11	335,500	8,000	
10	327,500	8,000	
9	319,500	8,000	
8	311,500	6,500	大學畢業，服滿兵役
7	305,000	6,500	大學畢業，防衛役十八個月
6	298,500	6,500	大學畢業，防衛役六個月
5	292,000	6,500	大學畢業，未服兵役
4	285,500	6,500	高中畢業，服滿兵役
3	279,000	4,500	高中畢業，防衛役十八個月
2	274,500	4,500	高中畢業，防衛役六個月
1	270,000		高中畢業，未服兵役

圖表7-21　成績薪之級差適用例（Kolon商社）

區　別	S	A	B	C		成績薪比率
10級	21,000	10,500	0	－	10,500	37％
9	21,000	10,500	0	－	10,500	35％
8	21,000	10,500	0	－	10,500	32％
7	21,000	10,500	0	－	10,500	27％
6	18,000	9,000	0	－	9,000	29％
5	18,000	9,000	0	－	9,000	26％
4	18,000	9,000	0	－	9,000	21％
3	10,000	5,000	0	－	5,000	16％
2	8,000	4,000	0	－	4,000	14％
1	5,000	2,500	0	－	2,500	13％

圖表7-22　管理職、一般職位的基本薪表（Kolon商社）

（1995.2.21，單位：won）

〔管理職〕

號薪	十　級				成績薪區別			10,500
	基礎薪	資格薪	成績薪	基本薪計	S	A	B	C
6	453,900	554,600	609,900	1,618,400	630,000	620,400	609,900	599,400
5	450,200	554,600	599,400	1,604,200	620,000	609,900	599,400	588,900
4	446,500	554,600	588,900	1,590,000	609,900	599,400	588,900	578,400
3	441,500	554,600	578,400	1,574,500	599,400	588,900	578,400	567,900
2	436,500	554,600	557,400	1,548,500	578,400	567,900	557,400	546,900
1	431,500	554,600	536,400	1,522,500	557,400	546,900	536,400	525,900
A	426,500	554,600	525,900	1,507,000	536,400	531,150	525,900	520,650

號薪	九　級				成績薪區別			10,500
	基礎薪	資格薪	成績薪	基本薪計	S	A	B	C
6	441,500	525,100	536,400	1,503,000	557,400	546,900	536,400	525,900
5	436,500	525,100	525,900	1,487,500	546,900	536,400	525,900	515,400
4	431,500	525,100	515,400	1,472,000	536,400	525,900	515,400	504,900
3	426,500	525,100	504,900	1,456,500	525,900	515,400	504,900	494,400
2	421,500	525,100	483,900	1,430,500	504,900	494,400	483,900	473,400
1	416,500	525,100	462,900	1,404,500	483,900	473,400	462,900	452,400

號薪	八　級				成績薪區別			10,500
	基礎薪	資格薪	成績薪	基本薪計	S	A	B	C
6	426,500	498,600	462,900	1,388,000	483,900	473,400	462,900	452,400
5	421,500	498,600	452,400	1,372,500	473,400	462,900	452,400	441,900
4	416,500	498,600	441,900	1,357,000	462,900	452,400	411,900	431,400
3	411,500	498,600	431,400	1,341,500	452,400	441,900	431,400	420,900
2	406,500	498,600	410,400	1,315,500	431,400	420,900	410,400	399,900
1	400,000	498,600	389,400	1,288,000	410,400	399,900	389,400	378,900

號薪	七　級				成績薪區別			10,500
	基礎薪	資格薪	成績薪	基本薪計	S	A	B	C
6	411,500	476,100	389,400	1,277,000	410,400	399,900	389,400	378,900
5	406,500	476,100	378,900	1,261,500	399,900	389,400	378,900	368,400
4	400,000	476,100	368,400	1,244,500	389,400	378,900	368,400	357,900
3	393,500	476,100	357,900	1,277,500	378,900	368,400	357,900	347,400
2	387,000	476,100	336,900	1,200,000	357,900	347,400	336,900	326,400
1	380,500	476,100	315,900	1,172,500	336,900	326,400	315,900	305,400
A	374,000	476,100	305,400	1,155,500	315,900	310,650	305,400	300,150

〔一般職〕

號薪	六級						成績薪區別			9,900
	基礎薪	資格薪	成績薪	基本薪計	O/T	合　計	S	A	B	C
6	393,500	339,900	315,900	1,049,300	143,086	1,192,386	333,900	324,900	315,900	306,900
5	387,000	339,900	309,900	1,033,800	140,973	1,174,773	324,900	315,900	306,900	297,900
4	380,500	339,900	297,900	1,018,300	138,859	1,157,159	315,900	306,900	297,900	288,900
3	374,000	339,900	288,900	1,002,800	136,745	1,139,545	306,900	297,900	288,900	279,900
2	367,500	339,900	270,900	978,300	133,405	1,111,705	288,900	279,900	270,900	261,900
1	359,500	339,900	252,900	952,300	129,859	1,082,159	270,900	261,900	250,900	243,900

號薪	五級						成績薪區別			9,900
	基礎薪	資格薪	成績薪	基本薪計	O/T	合　計	S	A	B	C
6	374,000	273,100	252,900	900,000	122,727	1,022,727	270,900	261,900	252,900	243,900
5	367,500	273,100	243,900	884,500	120,614	1,005,114	261,900	252,900	243,900	234,900
4	359,500	273,100	234,900	867,500	118,295	985,795	252,900	243,900	234,900	225,900
3	351,500	273,100	225,900	850,500	115,977	966,477	243,900	234,900	225,900	216,900
2	343,500	273,100	207,900	824,500	112,432	936,932	225,900	216,900	207,900	198,900
1	335,500	273,100	189,900	798,500	108,886	907,386	207,900	198,900	189,900	180,900

號薪	四級						成績薪區別			9,900
	基礎薪	資格薪	成績薪	基本薪計	O/T	合　計	S	A	B	C
6	351,500	236,700	189,900	778,100	106,105	884,205	207,900	198,900	189,900	180,900
5	343,500	236,700	180,900	761,100	103,786	864,886	198,900	189,900	180,900	171,900
4	335,500	236,700	171,900	744,100	101,468	845,568	189,900	180,900	171,900	162,900
3	327,500	236,700	162,900	727,100	99,150	826,250	180,900	171,900	162,900	153,900
2	319,500	236,700	144,900	701,100	95,605	796,705	162,900	153,900	144,900	135,900
1	311,500	236,700	126,900	675,100	92,059	767,159	144,900	135,900	126,900	117,900

號薪	三級（女）						成績薪區別			9,900
	基礎薪	資格薪	成績薪	基本薪計	O/T	合　計	S	A	B	C
6	327,500	200,300	96,950	624,750	85,193	709,943	108,450	102,700	96,950	87,950
5	319,500	200,300	91,200	611,000	83,318	694,318	102,700	96,950	91,200	82,200
4	311,500	200,300	85,450	597,250	81,443	678,693	96,950	91,200	85,450	76,450
3	305,000	200,300	79,700	585,000	79,773	664,773	91,200	85,450	79,700	70,700
2	298,500	200,300	68,200	567,000	77,318	644,318	79,700	73,950	68,200	59,200
1	292,000	200,300	56,700	549,000	74,864	623,864	68,200	62,450	56,700	47,700

號薪	三　級（男）						成績薪區別			5,750
	基礎薪	資格薪	成績薪	基本薪計	O/T	合　　計	S	A	B	C
6	351,500	220,300	95,950	648,750	88,466	737,216	108,450	102,700	96,950	87,950
5	343,500	220,300	91,200	635,000	86,591	721,591	102,700	96,950	91,200	82,200
4	335,500	220,300	85,450	621,250	84,714	705,966	96,950	91,200	85,450	76,450
3	327,500	220,300	79,450	607,500	82,841	690,341	91,200	84,450	79,700	70,700
2	319,500	220,300	68,200	588,000	80,182	668,182	79,700	73,950	68,200	59,200
1	311,500	220,300	56,700	568,500	77,523	646,023	68,200	62,450	56,700	47,700

號薪	二　級（男）						成績薪區別			2,400
	基礎薪	資格薪	成績薪	基本薪計	O/T	合　　計	S	A	B	C
4	319,500	181,900	51,900	553,300	75,450	628,750	56,700	54,300	51,900	49,500
3	311,500	181,900	49,500	542,900	74,032	616,932	54,300	51,900	49,500	47,100
2	305,000	181,900	47,100	534,000	72,818	606,818	51,900	49,500	47,100	44,700
1	298,500	181,900	42,300	522,700	72,277	593,977	47,100	44,700	42,300	39,900

號薪	二　級（女）						成績薪區別			2,400
	基礎薪	資格薪	成績薪	基本薪計	O/T	合　　計	S	A	B	C
4	298,500	181,900	51,900	532,300	72,586	604,886	56,700	54,300	51,900	49,500
3	292,000	181,900	49,500	523,400	71,373	594,773	54,300	51,900	49,500	47,100
2	285,500	181,900	47,100	514,500	70,159	584,659	51,900	49,500	47,100	44,700
1	279,000	181,900	42,300	503,200	68,618	571,818	47,100	44,700	42,300	39,900

號薪	一　級（男）						成績薪區別			2,200
	基礎薪	資格薪	成績薪	基本薪計	O/T	合　　計	S	A	B	C
4	305,000	154,700	39,700	499,400	68,100	567,500	44,100	41,900	39,700	37,950
3	298,500	154,700	37,500	490,700	66,914	557,614	41,900	39,700	37,500	35,300
2	292,000	154,700	35,300	482,000	65,727	547,727	39,700	37,500	35,300	33,100
1	285,500	154,700	30,900	471,100	64,241	535,341	35,300	33,100	30,900	28,700

號薪	一　級（女）						成績薪區別			2,200
	基礎薪	資格薪	成績薪	基本薪計	O/T	合　　計	S	A	B	C
4	285,500	154,700	39,700	479,900	65,441	545,341	44,100	41,900	39,700	37,950
3	279,000	154,700	37,500	471,200	64,255	535,455	41,900	39,700	37,500	35,300
2	274,500	154,700	35,300	464,500	63,341	527,841	39,700	37,500	35,300	33,100
1	270,000	154,700	30,900	455,600	62,127	517,727	35,300	33,100	30,900	28,700

　　另一方面，以職能薪而言，這是針對完成職務能力及業績（成績、成果）的工資。首先，資格薪是按照完成職務能力分成一到十級的十個階段，同一職級定為相同金額。成績薪則依人事考核成績評定每一個人之差異。人事考核以S、A、B、C四個階段進行。查看考核分布，得到了S的有10％，A有20％，B有60％，C有10％的結果。依照綜合職之各職級的人事考核成績的成績薪如圖表7-21所示。

　　又圖表7-22為管理職及一般職的基本薪表。

2.年薪制

　　日本進入1990年代之後，特別是在泡沫經濟崩潰後，能力主義抬頭，與職能薪同樣重視業績、成果評估（核定）的年薪制開始受到注目。韓國的企業，有關年薪制的議論也曾於1992年時暫時興起，當時因時期尚早而被保留了。然而隨著1993年的烏拉圭循環性妥協，在企業界彌漫著只有超一流的企業才能在無限競爭時代中生存的危機感，因此，年薪制又再次受到注目。❷尤其是以斗山集團於1994年對於課長以上的全部管理職引進年薪制為起契機，關於能力主義工資體系的議論又再活潑起來。

　　在這之前，因對於國際競爭有危機意識，政府或企業為了加強國際競爭力，作為新的工資秩序，而提倡如學歷、年齡、工作年資等屬於個人的工資（年功工資）轉換成為重視能力、業績、貢獻度的能力主義。在此「韓國經營者總協會」所完成的任務很大。該協會於1992年調查工資管理的實情並分析，指出問題焦點，作為往後的工資管理方向，提倡以能力主義為基礎的能力薪制度及年薪制度。❷

　　根據韓國經營者總協會於1994年實施的年薪制引進實情調查，引進年薪制的企業有十家(＝調查對象企業的4.2％)，❸可知年薪制並

沒有普遍化。而且，所引進的年薪制，主要是限於管理職、專業職和技術職等特定的職種。

再看年薪決定的基準，把能力、業績、態度等綜合考量的企業，在十家中有五家，是最多的。因此，雖說是年薪制，與現今的歐美型年薪制並不一樣，應該說是引進了所謂韓國型年薪制。

以下，我們來看看韓國的年薪制的實例。

〔實例一〕　斗山集團的年薪制

(1)引進背景

斗山集團是擁有一百年歷史的企業，繼續發展迄今。該公司期望能夠在二十一世紀成為超一流企業，就有必要建立優待有能力的工作者的組織環境，並以此認知為基礎，於1994年引進了年薪制。

(2)年薪制的概要

斗山集團的基本想法是，要排除以前的年齡、工作年資、學歷等屬於個人的因素，並依照每個人的能力或業績而來區別工資。

年薪制的適用對象是集團中課長以上的全體管理職。不適用於一般職員的理由在於評估制度的不完善。從年薪制的性質來看，評估是很重要的，這是因為經判斷，這個制度還不夠完整之故。

再看年薪制的結構，這是由年薪和成果加薪所構成（圖表7–23）。年薪的內容為〔基本薪＋職位津貼＋職責津貼＋家族津貼〕×12＋獎金〔600％〕。年薪是暫定以對每個人完成職務能力及對素質所作的評估結果為基礎，並因人而設定的。然後，經過與經營者的面談，對於年薪金額達成協議就締結契約。訂定契約的年薪金額是分成十二個月，每月支付。

　　為決定年薪所做的個人評估,是依據適用於集團內全體管理者的同一集團共通方式的能力考核為基礎,而每家公司也會對其他的評估事項作為調整基準來考量。

　　另一方面,關於成果加薪,是以個人或事業部門及各公司對實績所作的評估結果為依據,就產生每個人之間的差距。

圖表7-23　斗山集團的新工資體系

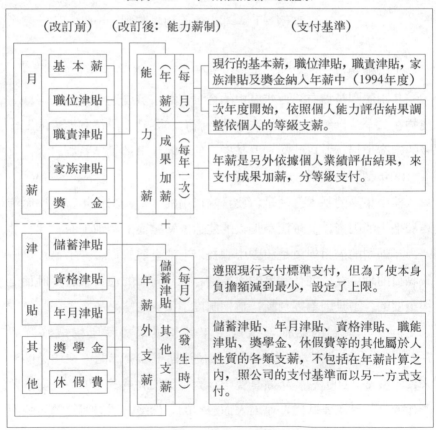

資料來源: 根據斗山集團內部資料。

圖表7-24　成果加薪之支付基準（斗山集團）

區　　分	A	B	C	D	E
人員比率	5％	10％	70％	10％	5％
支付比率	＋10％	＋8％	＋6％	＋3％	＋1％

資料來源：根據斗山集團內部資料。

成果加薪的支付基準為：A＋10％，B＋8％，C＋6％，D＋3％，E＋1％（圖表7-24）。

圖表7-25　年薪調整表（斗山集團）

區　　分	A	B	C	D	E
人員比率	5％	10％	70％	10％	5％
調整比率	＋5％	＋4％	＋3％	＋2％	＋2％

資料來源：根據斗山集團內部資料。

⑶調整年薪

調整年薪是以評估結果為基礎，分每個人決定的調整比率於年度末實施，由此決定下年度的年薪（圖表7-25）。

調整年薪包含定期調整及隨時調整。前者是考量每年的工資上漲率，對基本薪一律調整，以及依照評估結果，對個人核定的基本薪的調整。後者在晉升或變更職責時實施。

〔實例二〕 味元集團的年薪制

⑴引進背景

味元集團於1995年引進年薪制。其背景為，由向來的年功主義人事制度轉變為能力主義人事制度，評估個人的業績、並在支薪上分等級，藉此使企業活潑起來，以促進該集團成長為超優良企業為目標。

圖表7-26 味元集團的新工資體系

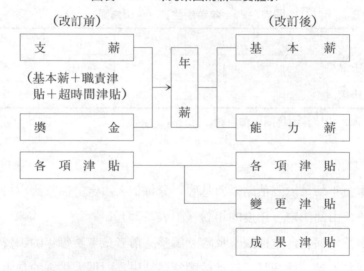

⑵工資體系的改訂

工資體系改訂的內容如下。以往「基本薪＋職責津貼＋超時間津貼」所構成的支薪及獎金變更為年薪的型態，將可變的各項津貼照舊支付。年薪是由基本薪與能力薪所構成。基本薪如屬同一資格等級，即相同。能力薪是依照每一個人的人事考核之結果，設計為按不同等

級來支付（圖表7-26）。

⑶不同資格等級的年薪結構

以往的工資體系是由職級及薪俸級所構成，每年無關乎能力，全體職員一律自動地提升工資這種工資體系，但在年薪制之下，薪俸級制的概念已經廢止。

在新工資體系之下，照不同資格等級只設定年薪的範圍（上限與下限）。因此，個人的年薪是依個人的人事考核結果為基礎，在上下限的範圍內對能力薪提升率加以分級的方式決定的。因此，年薪額因個人而異。不同資格等級之年薪結構如圖表7-27所示。

圖表7-27　不同資格等級年薪結構（味元集團）

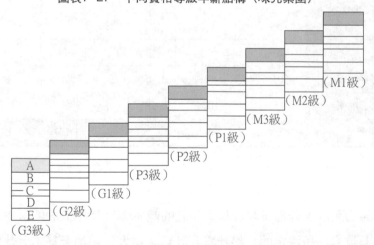

不同等級的工資範圍分成五個階段，這是為了在能力薪提升之際，與人事考核結果的合併，來決定個人的能力薪上升率的緣故。

⑷年薪額的決定方法

個人年薪額的決定，是在人事考核中的業績評估與能力評估以一

定的比率（約70%；30%）反映，實施個人評估之後，同時考量評估結果(Performance Evaluation Band)及個人年薪的資格等級上的位置(Pay Band)來決定個人的年薪。

　　具體地查看個人的年薪決定方法，情形如下。首先，基本薪是與評估結果無關，由保障最低生計費的觀點出發，一律反映基本上升率(base-up)。另一方面，個人能力薪的上升率是考慮個人的年薪資格等級上的位置(Pay Band)及評估結果(P. E. Band)來決定，求出能力薪上升率的方法，如圖表7-28。

圖表7-28　能力薪的上升率之決定方法（味元集團）

Pay Band	A	3%	–	–	–	–
	B	5%	3%	–	–	–
	C	8%	5%	3%	–	–
	D	10%	8%	5%	3%	–
	E	15%	10%	8%	5%	3%
		A	B	C	D	E

P. E. Band ⟶

　　能力薪的上升額是以「個人年薪的基本薪（每年上漲的薪俸）×（由上述方法所決定的）提升率」計算。個人年薪加上基本上升額與能力薪的上升額的合計，便是本人的最後的年薪額。

　　以上，我以韓國年薪制的引進背景及引進狀況以及代表性的實例加以說明韓國的工資制度新動向的一斑。

七 工資體系的展望

看韓國的工資體系至今的變遷過程,可知年功工資長期地繼續下來。有一時期,雖然引進了職務薪,但不適合韓國的實際情形,所以幾乎都中止,或雖不至於中止但也以較接近於年功工資的形式加以運用。在職務薪成立基礎薄弱的韓國,要採納歐美型的職務薪似乎是很困難的。那麼,韓國的工資體系將來何去何從呢?

以1988年的奧運為契機,在韓國的各領域都產生了快速且激烈的變化。初任薪的暴漲、工資水準快速且大幅地上升,勞動力的高學歷化、人手不足、延長退休的必要性也增大,女性進入社會的增加,以ME為中心技術革新的進展,年輕勞動者的價值觀的變化等都是。在此狀況下正在摸索新的工資體系。

依據1990年的調查(圖表7–29),往後的加薪管理方針,一邊要以能力因素為基礎,一邊加上年功因素(或者相反地,以年功要素為基礎,一邊加上能力因素)的企業大約占了五成。

從不同規模看來,在未滿一千人的企業中「能力再加年功」占了半數以上,在一千人以上的企業中,則相反地「年功再加能力」占了約60%。不論是何者,回答只有年功工資的企業極少,由此可知使用某些形式加以檢討引進能力主義因素的事實。

另外,據1991年的調查(圖表7–30),關於工資體系的改善方向,「修正年功薪」的占42.1%,是最多的,其次是「職能薪」占29.9%,「職務薪」有10.6%,後二者加起來約有41%。另一方面,回答維持年功薪體系的企業停留在15.6%。

圖表7-29 今後的加薪管理方針

（單位：％）

		計	年　功 再　加 能　力	能　力 再　加 年　功	只　有 年　功	只　有 能　力
職 種	事　務　職	100.0	48.1	49.0	2.4	0.5
	生　產　職	100.0	44.8	49.7	3.4	2.1
規 模	299人以下	100.0	43.8	50.8	3.7	1.7
	300-999人	100.0	42.4	55.2	–	2.4
	1,000人以上	100.0	58.7	37.3	4.0	–

（註）⑴調查期間：1990.9.1～11.15。
　　　⑵調查對象：五十人以上的企業。
　　　⑶有效回答企業數：二百三十七家。
資料來源：安春植、安熙卓，《關於韓國企業晉升、晉薪制度之研究》，韓國經
　　　　　總勞動經濟研究院。1991年，由161頁重新製作。

　　由上述的調查結果來看，今後，韓國的工資體系，變成部分修正
年功工資體系，即是並存型職能薪（年功工資＋職能薪）或者並存型
職務薪（年功工資＋職務薪）的可能性較強。尤其是，並存型職能薪
的引進會繼續進行。然後，在這種情況下，重點將會放在年功工資部
分上。也就是說，在基本上「職務」概念薄弱的韓國，讓年功工資的
優點發揮到最大限度的工資體系的修正，這就是說因為並存型職能薪
體系公認為是最適合韓國風土的。實際上，引進並存型職能薪的嘗試
似乎正在快速地進行著。

圖表7-30　工資體系的改善方向

（單位：％）

區　　分	產　　業		計	規　　　　　模		
	製造業	非製造業		未滿300人	301-999人	1,000人以上
維持年功薪	14.0	20.0	15.6	14.2	21.8	11.4
職　能　薪	33.5	20.0	29.9	32.3	18.4	38.0
職　務　薪	10.6	10.6	10.6	8.4	12.6	12.7
修正年功薪	40.3	47.1	42.1	43.2	44.8	36.7
其　　　他	1.3	2.4	1.6	1.9	1.1	1.0
合　　　計	100.0	100.0	100.0	100.0	100.0	100.0

（註）⑴調查期間：1991.6.1.～9.15。
　　　⑵調查對象：五十人以上的企業。
　　　⑶有效回答企業數：三百五十六家。
資料來源：梁炳武、安熙卓、金在源、朴俊成，《韓國企業的工資管理》，韓國
　　　　　經總勞動經濟研究院。1992年，328頁。

　　那麼，年薪制會如何地展開呢？目前為止，韓國的年薪制只到適
用於職業棒球選手的程度。這樣的年薪制果真能在企業內紮根嗎？由
目前為止的韓國工資管理慣例來看，本人並不認為歐美型的年薪制能
夠容易地被接納。幾乎所有引進年薪制的企業，都將年功與能力、成
果等因素適切地調和建立韓國型的年薪制來加以運用。本人認為這樣
的傾向今後也不會改變吧！

　　但是，從實情調查的結果來看，正在檢討年薪制之引進的企業達
到了七成以上。❸ 由這樣的數值看來，年薪制的引進比率似乎要逐漸
地升高。即使在這種場合，年功工資與年薪制的妥協，也就是說，變
成年功工資中的能力薪的，可能要修正了。

　　然而，年薪制是否成功，要看是否有公正而客觀的評估。❸ 即使

在韓國，也和日本同樣，為了評估體系的開發、建立，還要繼續地探
討下去！

八 結 語

以上，本人將主要焦點放在韓國的工資體系上，舉出年功工資、
職務薪、職能薪及年薪制，論述其變遷與現況。我想，讀者應可藉此
明白韓國工資制度特質的一斑吧！

❶ 安春植，〈人事、勞務管理〉，《勞動經濟四十年史》，韓國經營者總協會出
版，1989年，324–325頁。

❷ 津貼是依身分、職位來支付，對雇員或工人則不支付。（京紡編，《京城紡
績五十年》，1969年，181–182頁。）

❸ 韓國電力，《韓國電力二十年史》（下卷），1981年，980頁。

❹ 卓熙俊，《工資制度與勞動經濟》，大韓工會議所，1972年，143–144頁。

❺ 姜正大，《現代工資管理論》，博英社，1985年，159頁。

❻ 安春植，《日韓終身雇用制之比較》，論創社，1982年，232頁。

❼ 關於年功工資在韓國企業紮根的背景見姜正大，前提書，參照159–161頁。

❽ 韓國經營者總協會，《勞務管理的實情調查報告 —— 以製造業為中心》，
1973年，33頁。

❾ ⑴安春植、安熙卓，《關於韓國企業晉升、晉薪制度之研究》，韓國經總勞
動經濟研究院，1991年，67頁；⑵安春植，〈韓國的工資制度〉，佐護譽／
韓義泳共同編著，《日韓企業經營與勞資關係的比較》，泉文堂，1991年，
410–411頁。

❿ 分析年齡、工作年資與工資的相關關係之文獻有以下的書。安春植，〈工資

管理的國際比較〉,《人事管理研究》,韓國人事管理學會,1982年。

⑪ 安春植,〈人事、勞務管理〉,《勞務經濟四十年》,韓國經營者總協會,1989年,323-323頁。

⑫ 安春植/安熙卓,《關於韓國企業晉升、晉薪制度之研究》,韓國經總勞動經濟研究院,1991年,58-60頁。

⑬ 安春植,〈韓國的工資制度〉,佐護譽/韓義泳共同編著,《日韓企業經營與勞資關係的比較》,泉文堂,1991年,415頁。

⑭ 事務職與生產職之間工資支付型態之差異到現階段仍在維持(梁炳武/安熙卓/金在源/朴俊成,《韓國企業的工資管理》,韓國經總勞動經濟研究院,1992年,288-289頁,365頁)。

⑮ 詳細的部分請參照下列。安春植,〈工資管理的國際比較〉,《人事管理研究》,韓國人事管理學會,1982年。

⑯ 關於各公司職務薪的引進時期及其內容見安春植,〈人事、勞務管理〉,《勞動經濟四十年》,韓國經營者總協會,1989年,284-286頁及317-318頁。

⑰ 職務薪並非對全體員工,而是只適用於技能職(藍領階級)。到現在也只適用於後者。

⑱ 關於變更的內容請參照:崔鍾泰,《鋼鐵產業之人事制度 —— POSCO職級體系之研究》,漢城大學出版部,1990年。

⑲ 有關韓國職務薪的事例請參照:安熙卓〈韓國的工資管理〉,佐護譽/安春植共同編著,《日韓勞務管理的比較》,有斐閣,1992年。

⑳ 李奎昌,《企業的工資體系改善方向》,大韓商工會議所,1986年,89-91頁。

㉑ 梁炳武/安熙卓/金在源/朴俊成,《韓國企業的工資管理》,韓國經總勞動經濟研究院,1992年,150、166頁。

㉒ 韓國經營者總協會,《我國工資管理制度的現況》,1979年,38-39頁。

㉓ 有關「6·29民主化宣言」之後的勞動工會請參照:佐護譽/文尚鎬,〈韓

國的勞務工會 —— 其歷史與現狀〉，九州產業大學《經營學論集》，第二卷第三號，1992年。

㉔ 88年度，在漢城舉行奧運時，韓國經濟的貿易收支黑字記錄（約140億美元）89年度黑字減至約50億美元，到90年度反轉成赤字約22億美元，91年度赤字幅度達到100億美元。可是，其原因不能只歸咎於高水準工資。

㉕ 詳細的部分請參照：梁炳武／安熙卓／金在源／朴俊成，前提書，第4章及第5章。另外，關於各公司的具體實例請參照：梁炳武／安熙卓／金在源／朴俊成，《由實例看韓國的工資管理》，韓國經總勞務經濟研究院，1992年。

㉖ 關於韓國電子的職能薪及職能薪的其他實例，請參照：佐護譽／安熙卓，〈韓國的人事制度新動向⑵〉，九州產業大學《經營學論集》，第五卷第三、四合併集，1995年。另外，有關職能薪的引進狀況參照：慎亨宰，《有關韓國企業內職能資格制度的引進狀況之研究 —— 以H公司的實例為中心》，西江大學碩士論文，1990年。

㉗ 崔鍾泰，《鋼鐵產業之人事制度 —— POSCO職級體系研究》，漢城大學出版部，1990年。

㉘ 關於韓國的年薪制，暫時參照以下的文獻。本章年薪的實例也是轉載以下文獻的一部分。佐護譽／安熙卓，〈韓國工資制度的新動向 —— 以年薪制的實例為中心〉，九州產業大學《經營學論集》，第六卷第二號，1995年。

㉙ 安熙卓／梁炳武／金在源／朴俊成，《韓國企業的工資管理》，韓國經營者總協會，1992年，436-514頁。

㉚ 本調查是以企業規模一百人以上的三千家公司為對象實施的。調查時期是1994年2月。詳細的部分請參照：韓國經營者總協會，《韓國企業的工資管理實情》，該協會出版，1994年12月，40-42頁。

㉛ 佐護譽／安熙卓，〈韓國工資制度的新動向 —— 以年薪制的事例為中心〉，九州產業大學《經營學論集》，第六卷第二號，1995年，47頁。

❸❷ 關於此點，請參照：安熙卓，《能力主義時代之人事考核》，韓國經營者總
協會，1994年。

〔附註〕執筆本章時，承蒙安熙卓博士多方協助（韓國勞動經濟研究
院研究員），特此表示謝意。

第八章　韓國人事考核體系

一　前　言

　　誠如在第三章所探討，人事考核係有計畫地收集相關各個員工人事資訊的管理技法之一。也就是說，在特定組織體中為了特定的人事管理之目的，根據特定考核基準所實施之制度化的評估技術。

　　在韓國，人事考核制度事實上存在著，但實際上只不過是形式性的制度。其緣由可舉出如下。第一，人事考核屬於主觀性制度，而學歷、年齡、工作年數等屬於個人之因素作為更客觀的基準，可說是合理的。第二，人事考核對勞動者加強勞動深度，將引起勞工工會反抗，認為引起各個勞動者間競爭的統治性手段。第三，信奉絕對平等主義之勞動者之意識與價值觀根深蒂固。第四，在基於年功主義的人事管理制下，毫無反映人事考核結果之餘地。第五，對於合理的人事管理之理解不足，以及人事考核系統並不十分齊全。由以上之理由，在韓國，人事考核被認為在人事管理上似未有效地發揮其應有之功能。

　　然而，進入1990年代以後，企業周邊各樣環境激烈變化的緣故，企業的國際競爭力之加強成為緊急之課題而成為大話題。在此狀況下，從以往的年功主義人事管理轉變為提倡能力主義的人事管理。在能力主義之下，做為能力評估技術的人事考核成為重要問題而受到重

新的認識。

　　因此在本章中，對於韓國之人事考核制度，首先對其現狀作大概的觀察，其次列舉個別企業之實例。然後，藉此把韓國的人事考核實情及其特徵更清楚地說明一下。

二　韓國人事考核之現狀

　　在此，以安熙卓的《韓國企業之人事考核實情》（韓國經營者總協會勞動經濟研究院）中收錄的調查來探討韓國的人事考核之現狀。其調查以三千家公司為對象，於1993年9月1日至10月15日實施，其中有三百七十九家公司作了回應。

　　⑴人事考核制度之引進狀況

　　觀察各企業引進人事考核制度之有無，其中「引進」者占最多，有94.2％，企業越大比率越高。對於未引進人事考核制度的公司，詢問其理由結果，其中57.1％的理由是因為「實施公正的考核有困難」，其次是由於「覺得不太有什麼必要性」以及「與勞工工會有關係之緣故」等，兩者皆占14.3％。

　　⑵人事考核制度之利用目的

　　觀察已引進人事考核制度之企業之利用目的，其中「晉升、晉級」占48.4％為最多，其次「晉薪」占24.3％、「獎金」占8.2％、待遇方面之利用占了八成。此外，「更換職務」占9.4％、「OJT」占2.1％，「教育訓練」占1.6％，以上培育方面之利用僅占13％（圖表8–1）。

圖表8-1 人事考核之利用目的

(單位：%)

區　　　別	計	產業類別		規　模　大　小		
		製 造 業	非製造業	未滿300人	301-999人	1,000人以上
晉升、晉級	48.4	47.6	50.2	43.5	51.7	50.9
晉　　　薪	24.3	25.6	21.7	27.8	24.6	20.6
獎　　　金	8.2	9.6	5.4	8.1	8.2	8.9
更 換 職 務	9.4	8.0	12.2	5.6	9.2	12.6
教 育 訓 練	1.6	1.3	2.3	1.6	1.4	1.9
獎　　　勵	5.4	5.1	5.9	8.5	2.9	4.2
O　J　T	2.1	2.4	1.4	3.2	1.9	0.5
其　　　他	0.6	0.4	0.9	1.6	－	0.5
合　　　計	100.0	100.0	100.0	100.0	100.0	100.0

⑶人事考核之項目及適用對象

在人事考核之結構中，「業績考核＋能力考核＋態度考核」占69.6％為最多，其次「業績考核＋能力考核」占12.3％，「能力考核＋態度考核」占7.1％。如此，即使其組成型態不同，也可明確地了解人事考核係由複數之項目所構成。特別是多數企業之所以實施態度考核，不僅是由於重視執行職務之結果，也重視「如何致力於其職務」之程序的緣故。

人事考核對象以「全體員工」占73.5％為最多，其次是「事務管理職」占20.4％，「生產技能職」占0.5％。

⑷人事考核之實施次數

整體看來人事考核之實施次數，一般為一年一次。以產業類別來

觀察，製造業每年實施一次業績考核、能力考核及態度考核；非製造
業每年實施業績考核一次、能力考核及態度考核兩次。又從規模大小
之別來觀察，中小企業每年實施一次業績考核、能力考核及態度考
核，但大企業每年實施一次能力考核及兩次業績考核與態度考核。

(5)考核者

觀察人事考核其施行者，以上司對部屬作單方面評估之「上司考
核」，占81.4％為最多，其次是由本人評估自己的「自我考核」占
14.7％，部屬對上司作評估的「部屬考核」占3.4％，處於相同立場之
同事間所作的「同事考核」占0.5％（圖表8-2）。如此，在韓國一般
而言，多為上司對部屬作評估，部屬考核及同事考核占極少數。

圖表8-2　人事考核方法

（單位：％）

區　　　別	計	產業類別		規　模　大　小		
		製　造　業	非製造業	未滿300人	301–999人	1,000人以上
上 司 考 核	81.4	80.8	82.8	86.9	78.8	79.8
部 屬 考 核	3.4	3.4	3.4	1.3	5.1	3.5
同 事 考 核	0.5	0.7	–	0.6	0.7	–
自 我 考 核	14.7	15.2	13.8	11.3	15.7	17.5

(6)人事考核表之區別

人事考核表以職級類別（如：一級、二級、三級……）作區別的
企業占48.3％，約占半數，其次按「職種別」的占28.3％，照「全體
員工共通」之企業占14.7％。按人事考核運用目的作區別的企業則僅
占2.4％。

從產業類別方面來觀察，非製造業多採用「職級類區別」者，製造業則多採用「職種類區別」。以規模大小來探討，愈大之企業，其採用「職級類區別」之情況愈多，而中小企業，則多採用「職種類區別」，或「全體員工共通」之區別方式。

⑺考核因素與其定位

看考核因素之數量，其中「六至十項」的占37.8％為最多，其次「十一至十五項」的占31.5％，「十六至二十項」的占17.8％，採用十五個項目以下的企業約占總數之七成。此外，考核等級之階級以「五階段」占70.5％為最多。

考核因素之定位，作肯定的回答的企業占79.2％。可說約八成的企業在實施，並且，規模愈大的企業，其實施度愈高。

⑻絕對評估與相對評估

看人事考核評估方式，「相對評估」占39.1％為首，其次「相對評估及絕對評估並用」占34.6％，採用「絕對評估」之企業則占26.0％。

⑼人事考核之評估等級與評估者地位

看人事考核之評估等級，僅實施一次考核的企業占3.9％。實施二次考核的企業占58.5％。至於實施三次考核之企業，占36.0％。如此經過複數考核者實施人事考核之原因，可能為提高人事考核之客觀性及接受性之故。

實施人事考核時，擔任第一次考核的多為直屬上司（68.7％）。這是因為直屬上司與被考核者雙方在距離上處於最接近的位置，而且直屬上司能夠觀察被考核者日常生活的緣故。

⑽過程及結果之重視程度

關於人事考核時，該重視其過程還是結果，顯示「兩者各半」的

比率占52.3％為首。過程與結果相互作比較,「重視結果」所占的
25.7％略高於「重視過程」的22.0％。從規模大小方面探討,愈大之
企業重視結果的傾向愈強。相反地,中小企業則有重視過程的傾向。

　　⑪由不同利用目的與不同階級看考核項目的重視度

　　以取得決定晉升、晉級、晉薪、獎金等資料為目的而實施人事考
核時,到底為什麼樣的運用目的、重視什麼樣的考核項目呢?晉升、
晉級的場合,第一位為「能力考核」,第二位為「業績考核」,第三位
為「態度考核」。晉薪與獎金的場合,兩者第一位皆為「業績考核」,
第二位為「能力考核」,第三位為「態度考核」(圖表8–3)。如此,
順應人事考核的運用目的,當可明白晉升、晉級時重視能力考核;晉
薪、獎金時則重視業績考核。

圖表8–3　不同利用目的之考核項目

區　別	晉升、晉級	晉　薪	獎　金
第一位	能力考核	業績考核	業績考核
第二位	業績考核	能力考核	能力考核
第三位	態度考核	態度考核	態度考核

　　此外,在不同階級中,哪一階級的哪一項目受到重視呢?在部長
級而言,第一及第二位皆為「能力」,第三位為「態度」。課長級以
「能力」為第一位,「業績」第二位,「態度」是第三位。另一方面,
一般事務職員與生產技能職員兩者之場合,最受重視的皆為「態
度」,與管理階層形成明顯之對比(圖表8–4)。如此,在上位階層是
重視管理者的能力,而下位階層則重視致力於工作之態度的「態
度」。

圖表8-4　不同階級中的考核項目

區　　別	部長級	課長級	代理級	一般事務職員	生產技能職員
第 一 位	能　力	能　力	能　力	態　　　度	態　　　度
第 二 位	能　力	業　績	能　力	能　　　力	能　　　力
第 三 位	態　度	態　度	態　度	業　　　績	業　　　績

⑿考核者之培訓

　　實施考核者培訓之目的，在於使考核者正確理解考核之結構與考核要素，並確認考核規則，同時更能統一其考核基準與價值之判斷基準。

　　觀察考核者培訓之實施狀況，「實施」的企業占45％，多於「未實施」的38.6％，但仍未達到半數。從大小規模來看，規模愈大的企業，其實施比率愈高（圖表8-5）。考核者培訓以「每年一次」的占52.0％為最多，其次是「隨時因必要而定」的占20.3％，「擔任新考核者時」占9.6％。

　　看對於考核者實施的培訓內容，以「說明人事考核制度的意義及結構」的占64.2％為首，而「模擬人事考核的實習」則僅占1.1％。再看考核者培訓時間，以「未滿三小時」的占83.4％為最多，其次「三至五小時」的占9.7％，「一天或實施六至八小時」者，則占3.4％。對考核者之培訓方法，則以「講義方式」的最多，占74.9％，以「集團討論方式」的占15.1％，「個案研究」則占6.7％。

　　在考核者所呈現的考核誤差中，「有寬大化傾向」的占41.5％，其次，「有中心化傾向」的占23.3％，「有Hello效果」（因部分好，即評定全部好）則占13.1％（圖表8-6）。

圖表8-5　考核者培訓

（單位：%）

區　　　別	計	產業類別		規	模	
		製 造 業	非製造業	未滿300人	301–999人	1,000人以上
有　實　施	45.4	49.0	37.5	32.8	45.5	59.3
無　實　施	38.6	35.9	44.2	48.5	3.0	26.3
檢　討　中	15.9	15.1	18.3	18.2	15.5	14.4
合　　　計	100.0	100.0	100.0	100.0	100.0	100.0

圖表8-6　考核誤差

（單位：%）

區　　　別	計	產業類別		規	模	
		製造業	非製造業	未滿300人	301–999人	1,000人以上
有寬大化傾向	41.5	40.7	42.9	41.5	39.9	43.8
有中心化傾向	23.3	24.5	21.0	23.1	22.5	23.8
Hello 效果	13.1	11.9	15.5	11.4	13.6	13.8
嚴格化效果	2.1	2.7	0.9	2.6	3.3	0.5
理論性誤差	5.0	5.7	3.7	6.9	5.2	2.9
對比誤差	4.0	4.0	3.7	6.1	4.2	1.4
時間性(近視)誤差	1.4	1.4	1.4	1.7	0.5	2.4
年功誤差	9.6	8.9	10.9	6.6	10.8	11.4
合　　　計	100.0	100.0	100.0	100.0	100.0	100.0

⒀考核結果之調整

有關人事考核結果在各部門，或在考核者之間的調整問題，「有調整」者占70.8％，「不調整」者占29.2％。以規模大小來探討，企業愈大其調整比率愈高。看調整者的地位則以「人事負責人」占51.8％（過半數）最多，其次「第三次考核者（確認者）」占21.8％，「人事考核委員會」占17.9％。調整方法不一，依各企業有多種，一般多採用調整係數或標準偏差值法為多。

⒁人事考核之公開

關於對被考核者考核制度之公開尺度，以「考核規定、考核樣式兩者皆公開」為最多，占43.7％，其次「僅公開考核規定」者占32.5％，「完全不公開」者占21.7％。此外，人事考核結果以「不公開」的占84.5％為最多（表8-7）。不公開的理由以「顧慮恐有阻礙上司及部屬間之人際關係」的最多，占45.5％，其次「尚未形成可以公開的組織風氣」占35.0％，再者以「成績不佳時會造成個人士氣低落」者占15.9％。

圖表8-7　人事考核之公開

（單位：％）

區　　　別	計	產業類別		規　　　　模		
		製造業	非製造業	未滿300人	301-999人	1,000人以上
公　　　開	15.5	15.0	16.9	19.6	9.6	17.1
不　公　開	84.5	85.0	83.1	80.4	90.4	82.9
合　　　計	100.0	100.0	100.0	100.0	100.0	100.0

觀察公開人事考核結果的企業，所採用的方法中，以「透過上司

與本人面談」者為最多占32.1％，其次「僅限於本人提出要求時」者占25.9％，「通知被考核者最後的結果」者則占16.0％。

三 人事考核之實例

〔實例一〕 三星重工業（股份有限公司）的人事考核制度

⑴人事考核制度概要

三星重工業的人事考核制度分為能力考核與業績考核。❶每年實施一次能力考核（12月）及二次業績考核（6月與12月）。被考核者之區別是，幹部分為管理職務與專門職務，員工則分為員工 I 與員工 II，考核即各自分開實施（圖表8-8）。

圖表8-8 被考核者之區別

區　　別		基　　　　　　準
幹部	管理職務	負責課單位以上之管理責任人（負有職責的幹部）
	專門職務	無職責的幹部及專門職務、特殊職務的幹部
員工	員工 I	三級員工及相當於三級員工的生產職務、特殊職務員工與生產職群的職長、班長
	員工 II	四、五級員工及相當於生產職務、特殊職務員工

相對於被考核者之區別的考核者與有權決定考核者，係以圖表8-9為基準，依照具體的組織體系與業務結構來決定。考核結果之調整與配分則依同一職級的對象來分為四級，不過為了實現加分主義，將上位等級的比率予以提高。考核分數的評分與配分基準如圖表

8-10所示。

業績考核以第一次考核者，能力考核以第二次考核者為中心來實施。至於考核結果是，被考核者有所要求，或經判斷確有必要時，始通知本人。

圖表8-9 考核的有決定權者

被 考 核 者	考 核 者	有決定權者
任 務 員	第一、二級管理責任者	代 表 理 事
一級及一級幹部與員工		事業本部長
二級及二級幹部與員工		事業本部長
三級以上員工		事 業 部 長

圖表8-10 考核分數之評分與配分標準

區 別	考核分數	配 分 率	運用配分
A	91分以上	10％以內	5
B	81-90分	15-20％	4
C	51-80分	55-65％	3
D	50分以下	10-15％	2

(2)能力考核的運用

能力考核是評估本人在某時間的能力、態度及適合性，並謀求順應其能力之待遇與經營管理。評估要素區別為能力部門及態度部門，對於員工則僅評估能力部門，對幹部則評估能力與態度部門。評估基準與順序則依被考核者的種類，本人依照評估項目實施了三個階段評估（自我評估）後，將其結果對第一次考核者提出。其後，考核者依

不同項目作五階段評估，依重要性程度打分數後，算出合計分數後提示考核等級。具體的評估項目、要素如圖表8-11所示。此外，能力考核的實施順序則請見圖表8-12。

圖表8-11　能力考核評估項目要素

區別		管理職務		專門職務		員工 I		員工 II	
能力	知識	專門知識（技術）	10	專門知識（技術）	20	職務知識（技術）（熟練程度）	30	・職務知識（技術）（熟練）	40
								・業務處理速度	10
	企劃力	・設定方針能力	10	・企劃開發能力	15	・創意改善力	15	改善能力	20
		・組織管理力	15	・分析能力	5	・計畫能力	10		
	判斷力	判斷力	10	判斷力	10	判斷力	15	理解力	15
	領導能力	・統率力	15	指導、培育能力	10	指導、培育能力	15		
		・指導、培育力	10						
	折衝能力	交涉能力	10	發表說服力	10	調整折衝能力	15	調整折衝能力	15
態度		・經營意識	10	・危機意識	10				
		・責任感	10	・責任感	10				
		・進取精神	10	・協調性	10				

圖表8-12　能力考核的實施順序

本人（自我評估）
↓
與第一次考核上司面談
↓
能力、適合性評估（第一次考核）
↓
對第二次考核上司提出
↓
能力、適合性評估……與第一次考核的上司協議，有必要時與被考核者面談（第二次考核，提示等級意見）
↓
向事業本部長提出
↓
決定
↓
記錄、整理、保管……（輸入電腦）
↓
反映人事及教育

⑶業績考核的運用

　　業績考核係對考核期間內個人所達成的業績作評估，依其結果給予個人適合的待遇而謀求業績的提升。這樣的業績評估與目標管理有著密切的關係。

　　對業績之評估即與期初樹立的目標作比較並依設定目標的項目實施。評估基準及順序方面而言，首先①目標管理負責部門就考核期間中之被考核者的量的目標（也包含一部分質的目標）之評估結果通知被考核者。那麼，②被考核者確認評估結果後，對質的目標本人達成的水準向考核者提出。因此，考核者便基於對質的評估被考核者所作的自我評估給予評估（圖表8-13）。

圖表8-13　業績考核的實施順序

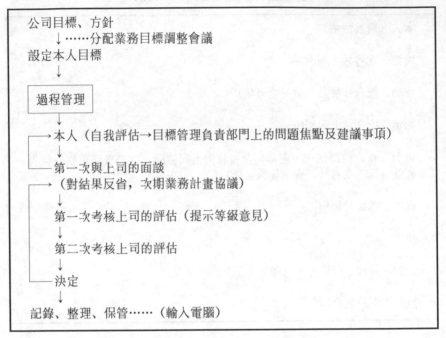

公司目標、方針
　　↓……分配業務目標調整會議
設定本人目標
　　↓

　過程管理

　┌→本人（自我評估→目標管理負責部門上的問題焦點及建議事項）
　│　↓
　└─第一次與上司的面談
　┌→（對結果反省，次期業務計畫協議）
　│　↓
　│　第一次考核上司的評估（提示等級意見）
　│　↓
　│　第二次考核上司的評估
　│　↓
　└─決定
　　↓
記錄、整理、保管……（輸入電腦）

⑷人事考核的利用

一旦人事考核的利用目的不同，其考核項目亦會相異（圖表8-14）。看人事考核結果反映晉薪，其全年的分數如在十二分（平均B等考核）以上的話即可成為特別晉薪對象，六分以下者（平均D等考核）則成為留級對象。再看反映獎金，這與上、下半期定期獎金有關，對照A等級與B等級都有加薪獎勵。在A等級當中對於達成目標水準優越，而對公司貢獻較大者給予S等級，以其他方式支付一定金額作為獎勵。

圖表8-14 人事考核之利用

區　　別	晉　薪	獎　金	晉升、升級	培育、分發、改調
能力考核	○	×	○	○
業績考核	○	○	○	×

　　觀察人事考核反映晉升、升級的情況，在選拔幹部之升級、晉升對象時，其最近兩年的平均考核分數必須達到C等級以上。再者，升級審查之際，亦反映出以最近兩年的能力、業績考核成績換算為分數的傾向。但，所反映的是必須審查項目分數的60％。在升級評估時的分數基準如圖表8-15所示。

圖表8-15 升級評估時的分數基準

區　別	A	B	C	D
能　力	15	12	9	4.5
業　績	7.5	6	4.5	3

〔實例二〕　雙龍洋灰工業（股份有限公司）的人事考核制度
⑴人事考核制度概要
　　雙龍洋灰工業於1964年引進人事考核制度，❷之後經過數次改訂。1992年的改訂，係為了重新建立，並實踐雙龍集團的經營理念：信賴、革新、人和的人事制度。該公司人事考核的目的是，在於提示公正的人事管理基準，同時可成為自我啟發的動機。
⑵人事考核的內容
　　人事考核每年一次於11月實施。考核與被考核者的關係如圖表

8-16。一般員工受考核的時候，由課長（一次）和部長（二次）；課
長級是由部長（一次）和擔任委員（二次）；而部長級是由擔任委員
來擔當考核者。考核表的種類分為第一次考核者用、第二次考核者用
與部長級考核者用的三種（圖表8-17）。

圖表8-16 考核與被考核者之區別

被 考 核 者	第一次考核者	第二次考核者
一 般 員 工	課 長	部 長
課 長 級	部 長	執 行 委 員
部 長 級	執 行 委 員	－

圖表8-17 考核表之區別

考 核 表 種 類		構 成 內 容			
		基本指標	行動指標	行動指針	經營素質
職 員 級 課 長 級	第一次考核者用	○	○	○	－
	第二次考核者用	○	○	－	－
部長級考核者用		○	－	－	○

圖表8-18　考核要點與項目

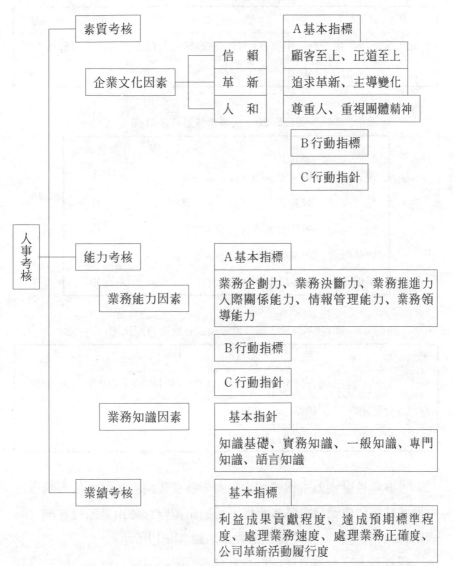

圖表8-19　不同考核要點的權衡

素			質	能		力	業		績
信賴	革新	人和	合計	業務能力	業務知識	合計	成果	過程	合計
15	20	15	50	21	9	30	10	10	20

圖表8-20　人事考核評分基準

區　　　　　　　　　　　　　　別	評估等級
達到最高位10％的水準（極為優越）	A
達到高位　20％的水準（有某程度的優秀）	B
屬於中間　40％的水準（普通水準）	C
屬於低位　20％的水準（有些劣點）	D
最低位　　10％的水準（有問題）	E

圖表8-21　不同考核等級的分數與分配比率

區　　　　別	A	B	C	D	E
分　　　　數	90分以上	89～80分	79～70分	69～60分	未滿60分
理想的分配比率	10％	20％	40％	20％	10％
實際分配比率	15％	30％	40％	10％	5％

　　人事考核區別為素質考核、能力考核及業績考核，並依不同考核要點將其評估要點分為基本指標、行動指標與行動指針三種實施（圖表8-18）。各考核要點受衡量的程度如圖表8-19所示。

　　探討其人事考核方法，以被考核者所歸屬之同一職種、同一級職的全體員工為對象，其資質、能力在最高位10％以內的水準者為A等，在高位20％以內者為B等，達到中間40％水準的為C等，在低位

20％水準的為D等，如此，分為五個階段來評估（圖表8-20）。不同考核等級之分數與分配比率則如圖表8-21。

考核結果的調整分為三個階段實施。第一階段是考核者本身作調整。這是對同一內容的考核要點之基本指標分數，行動指標分數及行動指針分數間產生一定範圍以上的差距而缺乏一貫性的情況下所作的調整。第二階段是調整第一次考核者與第二次考核者之間的差距。也就是說，對同一個被考核者，在第一次與第二次考核者所打分數間有顯著差異時所作的調整。第三階段是考核者特性之調整。這是由考核者特性所產生之Hello效果及傾向中心的調整。

⑶人事考核的利用

①升級、晉升與人事考核

晉升是從具有晉升資格的人員中、考慮其晉升綜合評估分數來決定。晉升綜合評估要點列有經歷、人事考核、間接因素（教育、賞罰）等，而對這些因素亦因不同的各級職別給予衡量。在晉升綜合評估分數中人事考核所占的比率因不同職級而有異，約占24～63％。

②分派、異動與晉升

在選拔異動人員的對象時，將會反映出該異動對象之職級的人事考核成績。異動對象的選拔因素有⑷將異動部門之職級結構的適合性、⑸本人希望與上司意見（五十分）、⑹人事考核成績（五十分）、⑺教育進修（加分）等。

③教育訓練及人事考核

人事考核時，應把握對於員工教育之需要性，作為體系性教育、訓練的資料來運用。

⑷考核結果之回授

原則上，考核結果多半不公開，但經判斷考核結果對啟發本人之

目的有益時，對被考核者作部分內容的公開。

〔實例三〕　真露集團的人事考核制度

⑴人事考核制度概要

真露集團於1970年代中期引進人事考核制度。❸人事考核的基本
理念，在於公正評估從業人員的業績及能力，並作為升級、晉升、晉
薪、教育訓練等的資料來利用，以期實施公正的人事管理。然而，在
實際運用時則主要將重點著重於晉升與晉薪，因此在引發組織成員的
動機與培育方面並不十分健全。

因此，為了確實實現人事考核制度的基本理念，而實施了全面性
的改訂。改訂的主要內容，包括考核時期的調整、上半期人事考核的
實施、引進絕對評估、不同職級之評估項目的調整、考核集團的調
整、訂定等級方法的改善、擴大考核利用範圍、考核結果的公開、敗
部復活制度的引進等。探討其運用實情如下：

⑵人事考核的運用實情

①考核的種類

人事考核由業績考核及能力考核兩者所構成。人事考核每年實施
二次。上半期考核以業績考核為中心，分三階段的絕對評估實施。其
結果從報償管理的觀念利用於獎金為主。受到A或B評估的人，支付
獎金時可追加20～30％，但並不因成績不佳而受到削減。上半期評估
結果會通知本人。另一方面，在下半期考核中以能力評估為中心對個
人實施五階段的相對評估。其結果通常利用於升級、晉升、晉薪，其
結果不通知本人（圖表8–22）。在上半期與下半期考核結果之間如有
二級以上差異時，考核者將確認其理由，如不能作出客觀的說明，則

給予重新考核。

圖表8-22 上、下半期的考核內容

區　　　別	評估內容	是否利用或公開	
上半期考核 （絕對評估）	業績評估	・獎金 ・公開	A、B、C（三階段）
下半期考核 （相對評估）	能力評估	・晉升、升級、晉薪 ・不公開	A、B、C、D、E （五階段）

②考核集團及考核要點

考核集團分為幹部職員（課長以上）與一般職員（代理課長以下）。觀察所有的考核要點，在幹部職員方面，通常以「經營意識」、「方針設定能力」、「指揮統率能力」、「培育部屬能力」為考核對象，一般職員方面以「自我啟發力」、「理解判斷力」、「企劃創意力」、「人際關係與協調性」等為主要考核對象（圖表8-23）。

③考核者與被考核者之區別

人事考核分為第一次及第二次考核，考核結果將作為擔任委員（幹部）的確認。設有擔任委員確認手續之用意，在於避免考核者主觀的意見及偏見，擔任委員對於考核者之考核結果亦不能有任何直接的影響。第一次與第二次考核者是分別實施考核，而其考核結果亦以同等之比率作出反映。

圖表8-23　評估要目

考核群	評　估　要　目	
	業　績	能力、態度
幹部職員	貢獻程度	・意願及態度 　—— 經營意識 　—— 責任感 　—— 推進能力 ・業務能力 　—— 業務知識 　—— 設定方針能力 　—— 業務組織管理能力 ・人際關係 　—— 指揮領導能力 　—— 培育部屬能力 　—— 對外調整能力
一般職員	業務實績 （量、質）	・意願及態度 　—— 自我啟發能力 　—— 責任感 　—— 積極性 ・業務能力 　—— 業務知識 　—— 理解判斷能力 　—— 計畫組織能力 　—— 企劃創意力 ・人際關係 　—— 對人關係及協調性 　—— 對外調整能力

　　考核對象期間，考核者將予遞補，如考核基準日為現在，任職部門之勤務期間尚未滿三個月時，則由前任委員實施考核。如被考核者為轉任，而現職勤務期間也未滿三個月時，則由前勤務部門的上司來實施考核。被考核者為三人以下之場合，則於人事部召集小規模的團體，編成適當規模後，指定考核者來實施考核。

④考核分數之調整

既然人事考核係人為而對人之評估，就無法避免考核者之主觀或偏見的介入。因此為求考核者與部門之間的平衡起見實施考核分數的調整。至於考核分數之調整，各企業都採用標準偏差法之方式。

⑤考核結果之利用

(a)晉升與人事考核

在真露集團，晉升分成為正常晉升與特別晉升。特別晉升係對於公司發展有功勞者，縮短其晉升所需年數予以晉升。就是所謂的提拔晉升。晉升的基本要件，首先必須達到各職級的基準號俸，如該年度考核等級在高位(A、B)者，其晉升所需年數則將自動縮短六個月。另一方面，受低位等級評估者其晉升將延誤，因此人事考核對晉升有很大的影響力。該集團之晉升基本觀念之特徵是不因學歷而有所差別。亦即是說，剛入公司時的職位是以學歷為基礎，但其後即實施以能力為基礎的人事管理。

核定晉升的人事考核結果之運用有二。第一，依考核等級給予一定的分數，並對於人事考核綜合分數達到一定分數以上者給予優先晉升權（圖表8-24）。第二，晉升評估項目包括：該年度的考核分數、學歷、教育、連續工作年數、擔任委員的推薦分數、晉升考試等等，而在這些項目中，以人事考核分數占最重分量（60～70％）。

(b)晉薪、獎金與人事考核

晉薪分成為正常晉薪、特別晉薪與保留晉薪等，以每年4月1日為起點實施。正常晉薪，係對全體從業人員提升每年二號俸為基準實施，對於業績與能力優越者每年提升三號俸，對於業績與能力不佳者則給予每年提升一號俸或保留晉薪（圖表8-25）。

此外，正常晉薪的對象中，如以晉薪日為起點而在過去一年中有

以下事項者，即晉薪將予保留，即：受懲戒處分、無故缺勤三日以上、曠職等。

在此最應注意的是對保留晉薪與對特別制裁的對象的救濟措施。由於該集團於下半期考核採用相對考核的方法，因此亦有可能出現D級與E級的情況。然而，在組織內亦有優異的集團所形成的部門，為了救濟受到D、E級評估之員工之必要，在人事委員會實施審查並決定救濟對象之人員。

關於獎金，則據考核結果之不同，依不同的評估等級規定支付比率（圖表8-26、8-27）。但這僅適用於考核結果優越者(A、B)。

〔實例四〕　亞南產業的人事考核制度

⑴人事考核制度的改訂

亞南產業（股份有限公司）是生產半導體的公司。該公司為了實施以能力主義為本的人事管理，沿著該目的實施了人事考核制度的改訂，於1996年3月1日起實施新的人事考核制度（該公司稱為培育型評估制度）。❹

新的人事考核制度目的在於「公正評估個人在一定期間的推行業務能力，或業績以及勤務態度，作為待遇的公正資料來利用，並以此為基礎，實行指導、培育，並作為圖謀員工自我啟發與提升業績的資料來利用。

圖表8-24　考核等級及各職級配分基準

考核等級	等級配分	職級區別	正常晉升年限	考核綜合配分
A	5	職員→主任	二年	6分
B	4	主任→代理	二年	6分
C	3	代理→課長	四年	13分
D	2	課長→次長	四年	13分
E	1	次長→部長	四年	13分

圖表8-25　人事考核各等級晉薪基準

區　　別	晉　薪　基　準	晉薪俸號
特別晉薪	該年度人事考核等級為A、B級者	三號俸
正常晉薪	該年度人事考核等級為C級者	二號俸
保留晉薪	該年度人事考核等級為D級者	一號俸
	該年度人事考核等級為E級者	保留晉薪
特別制裁	該年度及前年度人事考核等級為E級者	減二號俸

圖表8-26　獎金與人事考核的關係

區　　別	A等級	B等級	C等級
追加支薪比率	20％	10％	0％
強制配分比率	5％	15％	80％

圖表8-27　考核等級人員分布比率

考核等級	A	B	C	D	E
分布比率	5%	10%	70%	10%	5%

　　作為新的人事考核制度的基本方針，可舉下列幾個例子：①依據評估過程管理和加分主義考核，確立培育人材型評估制度；②考核結果的個人回授和利用目的多樣化，構想計畫型的評估制度；③藉著把人事部的考核調整權委託給各部門將權限給與考核權者，構成了現場中心的評估體系；④藉著考核結果的回授，引進多面評估制度，並藉考核者訓練的加強和評估項目的具體化來確保評估的公正性和了解性。

　⑵人事考核的體系

　　亞南產業的人事考核的種類有能力考核、業績考核、多面評估和綜合評估等四種。能力考核是根據本人的自我啟發和上司的指導觀察來評估其業務執行的能力。業績評估是從目標管理(MBO)的觀點，透過面談以雙方的同意下所設定的目標，比較之後評估工作實績，同時也評估其執行業務的態度。多面評估是對同事和屬下職員等在業務執行上有關的人，綜合其多方面的意見，由管理者來評估。綜合評估是業績和能力同時受到評估。依據這些考核種類對象和考核時期以及利用目的也有所不同（圖表8-28）。

圖表8-28　依據考核種類的對象、考核時期、利用目的

考核種類	對　　　　　象	考核時期	利　　　　　　　　用
能力考核	六級以上	3月	升級、晉升、教育、改調單位
業績考核	六級以上	1、7月	升級、報酬
多面評估	部門首長	3月	變更補職、提升管理能力
綜合評估	七-Ⅰ、Ⅱ等級、專任職	3、9月	升級

(3)考核等級分配和調整方法

　　考核的調整群是以六等級以上的職員及四等級以下的職員為對象來區分為二個群，而且是各自獨立地調整。各部門對調整群之調整者如圖表8-29。

圖表8-29　各部門的調整者

區　　　　別	所　屬　部　門	調　整　單　位	調　整　權　者
製造部門	直接製造部門	一-Ⅰ等級～三等級 四等級～六等級	工場長 部門首長
管理、支援部門和其他製造部門	管理、支援部門和其他製造部門	一-Ⅰ等級～三等級 四等級～六等級	負責理事（工場長） 負責理事（工場長）

　　觀察考核結果的調整方法，為避免只反映出調整權者的考核結果，要更重視次低位考核者的考核結果起見，將限制次高位考核者的權限如下：第一，二次考核者是以一次考核者所評估的考核等級為基準來考量考核等級的配分比率，在上下一等級的範圍內（考核等級和分數調整）來進行考核。例如：S是對S或A；A是對S、A、B；B是對A、B、C；C是對B、C、D；D是對C、D來調整。第二，有調整權者和第二次考核者同樣，在上下一等級的範圍內，依考核等級的配分

比率來調整考核等級和分數，作出最後的確定。再者，考核等級的配
分比率及配分人員如圖表8-30和8-31。

圖表8-30　各考核等級的分配率——調整人員十人以上時

區　　別		S	A	B	C	D
考核分數		95分以上	85分以上 ～ 未滿95分	65分以上 ～ 未滿85分	55分以上 ～ 未滿65分	未滿55分
配分比率	現　行	0～5%	15%	60～70%	15%	0～5%
	改訂後	0～5%	20%	55～60%	15%	考核者裁定

圖表8-31　考核等級的配分人員

區　　別		S	A	B	C	D
考核分數		95分以上	85分以上 ～ 未滿95分	65分以上 ～ 未滿85分	55分以上 ～ 未滿65分	未滿55分
調整人員	1	－	0-1	0-1	0-1	考核者裁定
	2	－	0-1	0-2	0-1	
	3	－	0-1	1-3	1-1	
	4		1	2	1	
	5	0-1	1	2-3	1	
	6	0-1	1	3-4	1	
	7	0-1	1-2	3-4	1-2	
	8	0-1	1-2	4	1-2	
	9	0-1	2	4-5	2	

⑷人事考核的運用方法

　①能力考核

能力考核是在一定時期內，將職員的能力、適合性透過本人的自我啟發和上司的指導觀察作公正的評估，以實施依能力的合理的人事管理；尤其是有效率的經營管理為目的。

能力考核是每年3月實施。為了將考核者的主觀因素降到最低，參考各部門的職能要件書和各種人才來進行考核。能力考核的結果反映出升級和晉升。

能力考核表有管理職用，三等級職員以上用、四等級職員以下用的三種區別。個別的評估項目和權衡如圖表8–32。

圖表8–32　能力考核的評估項目及衡量標準

區別	管理職		3等級以上(管理職除外)		4等級以下	
業務能力	·專門／一般知識	20%	·專門知識	25%	·專門知識	15%
	·團體營運能力	10%	·情報收集／分析力	10%	·業務處理能力	15%
	·決斷力	5%	·理解判斷力	5%	·理解力	10%
	·推進力	5%	·企劃創意力	10%	·改善、創意力	10%
	40%		50%		50%	
對人能力	·問題解決能力	10%	·問題解決能力	15%	·表現力	10%
	·管理統率力	15%	·指導力	10%	·忍耐力	10%
	·部下育成力	15%	·折衝力	10%	·人際關係	10%
	·涉外力	10%				
	50%		35%		30%	
自我啟發	·自我啟發力	10%	·自我啟發	15%	·自我啟發力	20%
	10%		15%		20%	
計	100%		100%		100%	

②業績考核

業績考核是在考核期間內公正地評估個人所完成的業績，並實施合乎評估結果而且適宜的待遇，也透過有效率的目標管理來提高業績為目的。

業績考核每年實施二次（1月和7月）。考核方法是被考核者和一次考核者在考核期間內應執行的業務和目標水準藉雙方的同意來決定作為其達成程度的評估方法。這時，考核者須記錄下屬職員的日常業績，並根據事實來評估。

評估表有三等級以上用和四等級以下用的區別。三等級以上是透過目標管理所設定的目標可馬上反映出業績評估，但四等級以下的則藉此參考之後進行業績評估。

態度評估是引進行動基準尺度法將評估加予具體化。觀察業績評估和態度評估的衡量標準可知，三等級以上是八對二；四等級以上是七對三。業績考核的結果將反映出升級、晉升及報酬。

③多面評估

多面評估是取代上司單行道式評估，以部屬對上司的評估方法，為了提高管理者的素質和評估的客觀性而引進的。觀察成為評估的對象，目前是以部門首長為對象來實施的，而且逐漸地有擴大至低位職級的預定。

評估時期是能力考核實施前一星期，與能力考核合併進行。評估者是由所屬部門之代理級以上的職員三名，和有關部門的課長級以上之管理者二名，由負責之理事以不公開方式選出任之。

而且，評估者是規定以無記名作評估。評估結果在人事部作分析，然後通知負責的理事。負責的理事就回授給該部門的首長。

圖表8-33　人事考核之流程（亞南產業）

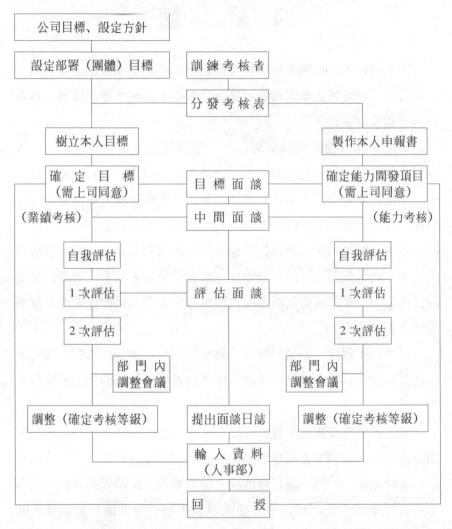

多面評估的結果是在引進的初期階段，故不直接反映出考核而作為晉升、異動、分發和提升本人管理能力的資料來利用。還有，亞南產業的人事考核流程如圖表8-33。

四　結　語

如上述，本人以調查結果和實例為中心來探討韓國的人事考核。由此可能已把韓國人事考核的現狀略作說明了。最後略提韓國人事考核的變化及展望如下。

1990年代以後的韓國企業，為了應對激烈變化的環境，為了維持、加強競爭力，致力於有效率且合理的人力資源的管理制度。其中的一環是脫離過去的人事考核想法，探討新的觀點接近新的人事考核制度。也就是說，從相對評估至絕對評估，再從審定中心至培育中心，從重視結果到重視過程，又從不公開主義到公開主義等，所訂定的基本方向是值得注目的。特別是在致力培育人才而言，考核結果的回授或是上司和部屬的面談定為義務等等，從業人員的能力開發逐漸受到重視。

另外，受到注目的是多面評估制度的引進。這是部屬對上司的評估制度。評估結果主要是利用於管理者的資質或領導的能力的開發上面。

改正人事考核制度的嘗試可以看出漸漸趨於活潑的傾向，但在短期間內是否以能力主義為基礎的人事考核制度能否固定下來還是個疑問。為什麼呢？因為韓國社會傳統上是個重視人際關係的社會、也有考核者以事論事地評估，是否採取導致不利於待遇的行動這樣的問題。因此，考核對於考核者和被考核者在意識上如不起變化的話，人事考核將有流於形式的可能性。在韓國，對新的人事考核制度之成功與否，要下評論還需要一段時間。

❶ 關於三星重工業（股份）人事考核制度參照：⑴安熙卓，《能力主義時代的人事考核》，韓國經營者總協會勞動經濟研究院，1994年，370–391頁。⑵朴源龍，《三星重工業的人事考核制度》，韓國經營者總協會，《工資研究》，第一卷第三號，1993年，82–91頁。⑶韓國人事管理協會，〈特集：新人事考核制度〉，《人事管理》，1994年6月號，16–21頁。

❷ 關於雙龍洋灰工業（股份）人事考核制度參照：⑴許求榮，〈雙龍洋灰的人事考核制度〉，韓國經營者總協會，《工資研究》，第一卷第三號，1993年，105–111頁。⑵韓國人事管理協會，〈特集：新人事考核制度〉，《人事管理》，1994年6月號，22–24頁。

❸ 關於真露集團的人事考核制度參照：⑴安熙卓，《能力主義時代的人事考核》，韓國經營者總協會勞動經濟研究院，1994年，404–430頁。⑵李敏在，〈真露集團的人事考核制度〉，韓國經營者總協會，《工資研究》，第一卷第三號，1993年，92–104頁。⑶韓國人事管理協會，〈特集：新人事考核制度〉，《人事管理》，1994年6月號，26–29頁。

❹ 以下，關於亞南產業的人事考核制度是依據該公司的公司內部資料。

〔附記〕執筆本章時，承蒙安熙卓博士（韓國勞動經濟研究院研究員）的協助。謹此深表謝意。

現代企業管理　陳定國／著

本書對主管人員之任務，經營管理之因果關係，管理與齊家
治國平天下之道，管理在古中國、英國、法國、美國發展演
進，二十及二十一世紀各階段波濤萬丈的經營策略，以及企
業決策、計劃、組織、領導激勵與溝通、預算與控制、行銷
管理、生產管理、財務管理、人力資源管理、企業會計，研
究發展管理，資訊科技在企業管理上之最新應用等重點，做
深入淺出之完整性闡釋，為國人力求公司治理、企業轉型
化、及管理現代化之最佳讀本。

現代管理通論　陳定國／著

本書首用中國式之流暢筆法，將作者在學術界十六年及企業
實務界十四年之工作與研究心得，寫成適用於營利企業及非
營利性事業之最新管理學通論。尤其對我國齊家、治國、平
天下之諸子百家的管理思想，近百年來美國各時代階段策略
思想的波濤萬丈，以及世界偉大企業家的經營策略實例經
驗，有深入介紹。

管理學　伍忠賢／著

抱持「為用而寫」的精神，以解決問題為導向，釐清大家似
懂非懂的概念，並輔以實用的要領、圖表或個案解說，將其
應用到日常生活和職場領域中。標準化的圖表方式，雜誌報
導的寫作風格，使你對抽象觀念或時事個案，都能融會貫
通，輕鬆準備研究所等入學考試。

經濟學——原理與應用　黃金樹／編著

本書企圖解釋一門關係人類福祉以及個人生活的學問——經濟學。它教導人們瞭解如何在有限的物力、人力以及時空環境下，追求一個力所能及的最適境界；同時，也將帶領人類以更加謙卑的態度，相互包容、尊重的情操，創造一個可以持續發展與成長的生活空間，以及學會珍惜大自然的一草一木。隨書附贈的光碟有詳盡的圖表解說與習題，可使讀者充分明瞭所學。

國際貿易理論與政策　歐陽勛、黃仁德／著

在全球化的浪潮下，各國在經貿實務上既合作又競爭，為國際貿易理論與政策帶來新的發展和挑戰。為因應研習複雜、抽象之國際貿易理論與政策，本書採用大量的圖解，作深入淺出的剖析；由靜態均衡到動態成長，實證的貿易理論到規範的貿易政策，均有詳盡的介紹，讓讀者對相關議題有深入的瞭解，並建立起正確的觀念。

國際貿易實務詳論　張錦源／著

買賣的原理、原則為貿易實務的重心，貿易條件的解釋、交易條件的內涵、契約成立的過程、契約條款的訂定要領等，均為學習貿易實務者所不可或缺的知識。本書按交易過程先後作有條理的說明，期使讀者對全部交易過程能獲得一完整的概念。除進出口貿易外，對於託收、三角貿易……等特殊貿易，本書亦有深入淺出的介紹，彌補坊間同類書籍之不足。

行銷學　方世榮／著

本書定位在大專院校教材及一般有志之士的進修書籍，內容完整豐富，並輔以許多實務案例來增進對行銷觀念之瞭解與吸收。增訂版的編排架構遵循目前主流的行銷管理程序模式，主要的特色在於提供許多「行銷實務」，一方面讓讀者掌握實務的動態，另一方面則提供教學者與讀者更多思考與討論的空間。此外，配合行銷領域的發展趨勢，亦增列「網路行銷」一章，期能讓內容更為周延與完整。

成本會計（上）（下）

費鴻泰、王怡心／著

本書依序介紹各種成本會計的相關知識，並以實務焦點的方式，將各企業成本實務運用的情況，安排於適當的章節之中，朝向會計、資訊、管理三方面整合型應用。不僅可適用於一般大專院校相關課程使用，亦可作為企業界財務主管及會計人員在職訓練之教材，可說是國內成本會計教科書的創舉。

臺灣經濟自由化的歷程　孫　震／著

臺灣經濟自由化有三個不同的階段：第一階段是民國40年代後期的外匯與貿易改革，使臺灣經濟從進口替代轉向出口擴張，開拓了發展的局面；第二階段是民國60年代和70年代初期，臺灣經歷兩次世界能源危機，經濟急遽變化，貿易、匯率、利率逐步自由化，政府並於民國73年宣布自由化、國際化與制度化的政策；第三階段是70年代後期，經濟自由化的全面實施。本書深入探討臺灣經濟自由化的理論基礎與現實背景，並檢討實施過程中的一些缺失，是到目前為止，國內外討論臺灣經濟自由化最完整的一本專著。